シリーズ 大地の公園

九州・沖縄のジオパーク

目代邦康・大野希一・福島大輔 編

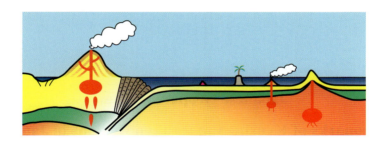

古今書院

Japanese Geoparks Series

Geoparks of Kyushu and Ryukyu Regions in Japan

Editor in chief : Kuniyasu MOKUDAI

Editors : Kuniyasu MOKUDAI , Marekazu OHNO and Daisuke FUKUSHIMA

ISBN978-4-7722-5283-6

Copyright © 2016 Kuniyasu MOKUDAI , Marekazu OHNO and Daisuke FUKUSHIMA

Kokon Shoin Publishers Co., Ltd., Tokyo, 2016

本書の使い方

　本書では、九州地方の8カ所と中国地方の1カ所のジオパークについて、**ジオツアーコース**②を紹介・解説しています。このジオツアーコースは、そのジオパークの地形や地質の特徴から、そこに成立している生態系や、地域の人々の暮らし・文化までが理解できるように構成されています。本書では、「地形や地質、土壌、生態系、水循環、文化、歴史などの、様々なことがらのつながりを示した物語」のことを、**ジオストーリー**と呼んでいます。本書とともに、あるいは現地ガイドの方と一緒にジオサイトを見てまわれば、ジオストーリーを理解できるようになるでしょう。

　日本列島は、様々な種類の地質が存在し、地形は変化に富んでいます。火山活動、地殻変動も活発です。さらに周囲は海に囲まれ、その海洋の環境も多様です。こうした多様性はジオ多様性（geodiversity）と呼ばれています。日本列島は世界の中でもジオ多様性の高い地域の1つです。世界的に見て、日本列島が生物多様性の高い地域であることの1つの理由は、このジオ多様性が高いことにあります。ジオパークはこうしたジオ多様性を学ぶのに最適な場所です。フィールドでジオ多様性を五感で感じ、ジオストーリーを発見するジオツアーを楽しんでください。

最初のページには、地形の**鳥瞰図** ①が示してあります。**ジオツアーコース** ②には、見学地点であるStopが示されています。その場所のキャッチフレーズとともに、地名あるいは見えるものを示しています。広域の地形をイメージする鳥の目の視点と、それぞれのStopで地形や地層の露頭などを詳しく観察する虫の目の視点の両方を持ちながら、地形や地質を理解してください。文章の構成の都合で、実際に移動するには不都合な順番になっていることもあるので、各Stopの位置は、章末の**位置情報** ⑩で確認してください。緯度経度は世界測地系で示しています。

　それぞれのジオパークで起こった、過去の大きな事件は、**ジオヒストリー** ③のバーの中で示しています。時間の目盛りは対数になっています。

　各ジオパークの全体像を理解してもらうため、**本文** ⑤に示されていない情報も含め、それぞれのジオパークの概要を**地域概要** ④で示しています。

　最後のページには、各ジオパークを訪れる上で役に立つ情報をまとめています。各ジオパークの最新の現地の情報は、**問い合わせ先** ⑥で確認してください。また、地域の情報が集められている施設は、**関連施設** ⑦にまとめています。**注意事項** ⑧には、実際に現地を見てまわる際の、アクセス制限などをまとめています。

　地形や地質、土地利用などをより詳しく理解したい人は、地形図を持って行くと良いと思います。各Stopの場所を含む国土地理院発行2万5千分の1 **地形図**の**図名** ⑨を示しました。

目 次

I 九州地方 ······················ 7
　九州地方の概説

1 島原半島ジオパーク ················ 16
　火山と共生する人々が創る独自の文化と歴史

2 阿蘇ジオパーク ·················· 28
　阿蘇山の大地と人々の暮らし

3 天草ジオパーク ·················· 42
　暮らしと心を豊かにする石ものがたり

4 霧島ジオパーク ·················· 54
　自然の多様性とそれを育む火山活動

5 おおいた姫島ジオパーク ············· 66
　火山が生み出した神秘の島

6 おおいた豊後大野ジオパーク ··········· 76
　九州島成立と巨大噴火を物語る地質と共に在り続けた人々

7 桜島・錦江湾ジオパーク ············· 88
　火山と人と自然のつながり

8 三島村・鬼界カルデラジオパーク ········· 102
　島々と火山をめぐる人の営みとこれから

Ⅱ 沖縄地方 ･･･････････････････ 119
   沖縄地方の概説

Ⅲ 中国地方 ･･･････････････････ 129
   1 Mine 秋吉台ジオパーク ･･･････････ 130
      日本最大級のカルスト台地とそこに暮らす人々

コラム
   1 土壌 ･･････････････39
   2 カルデラ ･･････････114
   3 第四紀 ････････････116
   4 カルスト ･･････････126
   5 持続可能な開発 ････128
   6 変成岩 ････････････142
   7 石炭 ･･････････････144
   8 石灰岩 ････････････145

北海道地図株式会社のジオアート ･････････ 146

索引 ･･････････････････････････ 148

Mine 秋吉台ジオパークは、『中部・近畿・中国・四国のジオパーク』の刊行後、新たに日本ジオパークに認定されたため、本書に掲載しました。中国地方の概要は、本シリーズの『中部・近畿・中国・四国のジオパーク』に掲載されています。

地質時代の名称と年代

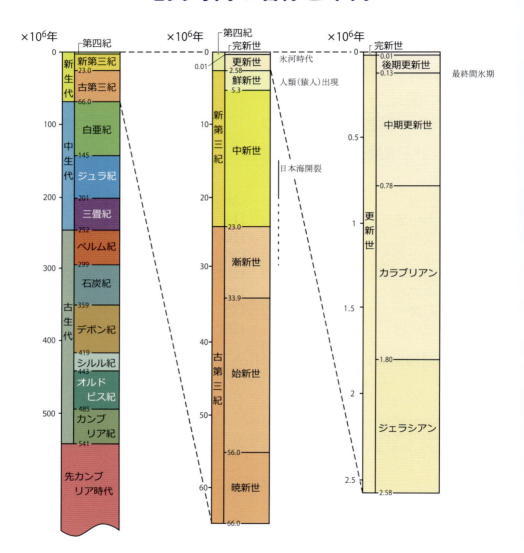

国際地質科学連合(International Union of Geological Sciences)国際層序委員会(International Commission on Stratigraphy)によるInternational Chronostratigraphic Chart(国際年代層序表)の2015年1月版(日本語版：日本地質学会作成)を参考にして、目代が作図した。

Ⅰ 九州地方

写真解説は 156 ページ

九州地方の概説

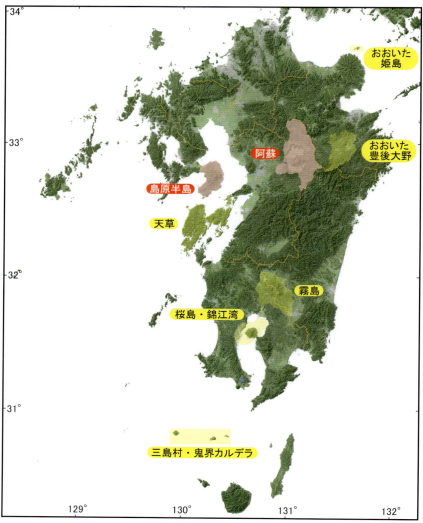

図1 九州地方の地形
北海道地図株式会社「地形陰影図」に加筆

地形

　九州島の中央には、大分県南部から熊本・宮崎両県境を経て鹿児島県北部まで連なる、標高1700 m前後の九州山地がある。九州島内の最高峰は九重連山の中岳（1791 m）だが、九州・沖縄地域の最高峰は、屋久島の宮之浦岳（1936 m）である。佐賀から福岡を経て小倉にいたる地域には、筑紫、福智、三郡、脊振といったなだらかな山地がいくつも連なる。天草から長崎県北西部を経て、五島列島、対馬から佐賀県北部にいたる九州西〜北西部は、なだらかな丘陵地と複雑な海岸線に特徴づけられる一方、九州の南東部にあたる宮崎県には、対照的に広い平野とほぼまっすぐな海岸線がある。九州島から沖縄に続く海洋上の高まりには、種子島や屋久島から奄美大島、沖縄本島を経て宮古、石垣、西表、与那国などの島々が並ぶ。

　フィリピン海プレートの斜め方向への沈み込みは、九州島内に多数の構造線（断層）をつくった。中央構造線に連続するとされる大分－熊本構造線と臼杵－八代線、および仏像構造線などの大きな断層は、右横にずれるように動く。また、フィリピン海プレートの急激な落ち込みが、中国大陸と南西諸島地域に挟まれた海域（沖縄トラフ）の拡大を引き起こしたため、九州島全体はその影響を受け、南北に広がるように動いている。

　九州が南北に広がる動きは、地形にもあらわれている。別府湾周辺や島原半島には、正断層からなる断層帯があり、その周辺には由布・鶴見、九重、阿蘇、雲仙といった活火山が列をなす。この火山地域は、別府－島原地溝帯と呼ばれる。

　九州島にはもう1つの地溝帯がある。熊本県人吉盆地から霧島火山群を経て鹿児島湾に連なる地域は、鹿児島地溝と呼ばれる。この地溝は、フィリピン海プレートの急激な落ち込みによって地表が引っ張られ、陸側に生じた2本の亀裂（正断層）がつくったとされる。この亀裂がマグマの通り道となり、溝のある場所に大きな火山（カルデラ火山）が並ぶ。小林、加久藤カルデラから南にのびる姶良、阿多、鬼界に連なる大規模カルデラの列は、フィリピン海プレートの急な落ち込みが生んだ大地形である。

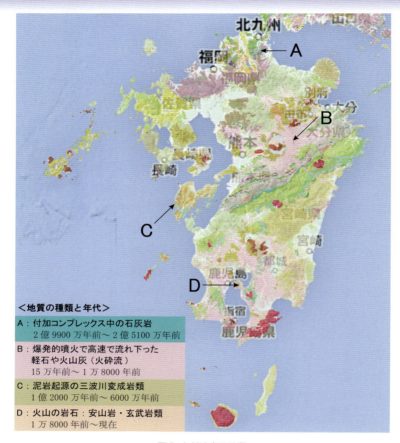

図2　九州地方の地質
産業技術総合研究所 地質調査総合センター「20万分の1日本シームレス地質図」[CC BY-ND] に加筆
凡例の地質の種類は基図のデータにもとづき一部を編者が改変。地質の年代は基図のデータによる

地質

　九州島および奄美大島、沖縄本島および八重山列島を構成する島々の土台は、3億年前〜3000万年前にかけて、プレートが運んできた堆積物が大陸に付加してできた帯状の地層群（付加体）である。北九州付近に見られる石灰岩は、この時代に南の海から運ばれてきたサンゴ礁や海底に堆積した堆積物が大陸に付加し、その後陸化したものである。1億年前には、北部九州地

域で起きたマグマの活動によって地面が隆起し、九州島最初の陸地ができた。三池炭鉱に代表される北部九州の石炭は、5000万年前の新生代古第三紀に、この陸地のまわりにあった当時の海に堆積した地層の中から産する。

　1500万年前、日本海の拡大によって西日本が時計回りに回転した。この地殻変動が海底に堆積していた帯状の地層群を隆起させ、九州山地の土台となった。またこの回転に伴って、若くて温度の高い海洋プレートが九州島の地下に急速に沈み込んだため、地下で大量のマグマが発生し、それが噴出して、祖母山、傾山、大崩山などのカルデラ火山が生じた。

　600万年前には、一度動きを止めていたフィリピン海プレートが、沈み込む向きを西北西方向に変えて再び沈み込みはじめた。これにより、それまで九州島に対して真っすぐ沈み込んでいたフィリピン海プレートは、九州島に対して斜めに沈み込むようになった。200万年前には沖縄トラフの拡大の影響を受け、九州島は全体が拡がりつつ沈むようになり、九州を代表する地溝帯が生じたほか、阿久根や人吉付近で帯状の地層群が折曲した。

　200万年前以降、フィリピン海プレートは現在とほぼ変わらぬ状態で九州島の下に沈み込み続け、姫島から阿蘇、鹿児島を経て、トカラ列島にいたる活火山の列（火山フロント）をつくっている。また、宮崎に見られる直線状の海岸線は、フィリピン海プレートの沈み込みによる圧縮の影響を強く受け、海岸に段丘が発達し、河川が運んだ土砂が地面の起伏を埋めるように堆積したために生じたものである。

　変動の激しい南九州とは対照的に、九州北西部は1500万～700万年前に火山活動があったものの、長期的に見れば地面がゆっくりと沈む安定した場となっている。壱岐や対馬の一部は、長期間、陸上で侵食が続いたため、なだらかな平坦面が広がっている。また、地面が沈降するために河谷が海に沈み、複雑な海岸線を持つリアス海岸とたくさんの島々を生じさせた。

　なお、長崎県西部や天草諸島の西部には、九州島の土台である帯状の地層群を寸断するように、1億年前にできた変成岩類が分布する。局所的に5億年前の岩体を含むこの変成岩類と、帯状の地層群との関係については明らかになっていない。

植生

　日本の南に位置する九州島は年平均気温が高く、年間降水量も全国平均の約 1500 mm / 年という値に比べて多い。このような気候条件下で優占する植生は、年間を通して落葉しない暖温帯照葉樹林である。しかし九州には標高 1500 m を超える山地も存在する。標高の高い場所は平均気温が低く、東北や北海道に匹敵する気候環境となることから、九州の山地では、植生が垂直方向に大きく変化し、狭い範囲に多様な植物相が形成されている。

　九州地域では標高の変化に加えて、火山噴火も植生分布に大きな影響を与える。例えば火山噴火は特定の地域の植生を壊滅し、植生の遷移をリセットさせてしまう。また、火山体によって植生が異なることもある。これは火山噴火の影響に加えて、地球全体の気候変動が関係している場合がある。2 万 1000 年前の最終氷期最寒冷期には、九州の山々はブナやミズナラに代表される冷温帯落葉広葉樹林が卓越する場となった。この頃の九州の気候は、現在の秋田県程度であったとされている。1 万 8000 年前以降、地球は急激に温暖化に転じ、冷温帯落葉広葉樹林は冷涼な標高の高い地域に追いやられた。九州の山々に散在するブナ林は、最終氷期の影響を今に伝える貴重な存在である。しかし、ほぼ同じ標高であっても山頂付近にブナ林などの冷温帯落葉広葉樹林が見られない火山もある。これは、その火山体が最終氷期を経験していない、若い火山体である場合がある。

　7400 年前に発生した鬼界カルデラの破局噴火により、当時の植生は大打撃を受けた。激しい軽石噴火の後に発生した大規模な火砕流は、海を渡って大隅半島や薩摩半島に達した。鬼界カルデラが噴火した当時、地球は現在よりも温暖であり、南九州では暖温帯照葉樹林が発達していた。しかしこの破局噴火により、南九州の植生はほぼ破壊され、被害の大きかった地域はススキを主体とする草原植生に変わってしまった。

　植生には人為的な影響も加わる。本来、暖温帯照葉樹林や落葉広葉樹林が卓越するはずの阿蘇には、現在広大な草原が広がっている。これは野焼きによって人為的に草原植生が維持されているためである。

　ヤマツツジの一種であるミヤマキリシマは、九州を代表する固有種で、そ

の名称の由来にもなっている霧島連山をはじめ、阿蘇、雲仙、九重、由布・鶴見といった、九州の各火山地域で群落をつくり、すべての地域で天然記念物に指定されている。

文化

　九州島には、古事記、日本書紀、風土記などに記述された日本神話の中の天孫降臨の舞台の1つとなっている高千穂峰(たかちほのみね)がある。日本神話の世界を表現した高千穂神楽は1000年以上の歴史を持つ。神楽の文化は時代とともに広がり、大分では鎌倉時代に生まれた神楽が、五穀豊穣を祝う祭りの儀式や地域住民の娯楽の1つとなった。

　カルデラ火山から噴出した大量の火砕流堆積物は、その多くが堆積後、自らの熱で再び固まり、溶結凝灰岩(ようけつぎょうかいがん)となった。大分付近では平安末期から鎌倉時代にかけて、この溶結凝灰岩に多くの磨崖仏(まがいぶつ)が彫られた。溶結凝灰岩は、優れた石材としても活用された。5世紀頃には、宇土半島に分布しているAso-4火砕流の溶結凝灰岩（阿蘇ピンク石）が、海を渡って近畿地方に運搬され、大王や豪族の棺として利用された。14世紀〜17世紀にかけて、中国から琉球王国や長崎に石橋をつくる技術が伝えられると、溶結凝灰岩を利用した石橋が建設されるようになった。通潤橋(つうじゅんきょう)（熊本県矢部町、1854年架橋）、西田橋（鹿児島県鹿児島市、1846年架橋・1999年移設）、轟橋(とどろばし)（大分県豊後大野市(ぶんごおおの)、1934年架橋）などは、その代表である。

　九州には、長い歴史を有する独特の祭りや行事がある。平安末期の「松ばやし」に由来する博多どんたく、鎌倉時代の念仏踊りが転じて地域住民の娯楽となった大分姫島のキツネ踊り、江戸時代初期に五穀豊穣と商売繁盛を記念する祭りとしてはじまった唐津くんちや佐賀の浮立といった祭りの多くは、各地で有形・無形文化財に指定されている。また、初盆を迎えた家族が船を海に流し、故人の霊を弔う長崎の精霊流しは、中国の彩舟流しが原型といわれており、大陸文化との融合が見られる。

　琉球王国は、1429年〜1879年まで、奄美から先島諸島までを統括した王国で、1609年からは薩摩藩に属した。地の利を生かして中国、東南アジアや日本と交易することで、王朝を維持していた。

自然災害

　九州島では、地震や火山噴火、気象災害など突発的かつ大規模な自然災害が発生してきた。ここでは各章で触れていない自然災害について概観する。

地震災害

　九州島内は、フィリピン海プレートの沈み込みに伴う圧縮の力がそれほど強くないため、マグニチュード8を超える規模の大きな地震は起きにくいとされているが、九州島内を東西に縦断する複数の横ずれ断層により、内陸で浅い地震が発生し、しばしば被害が発生している。

　文禄5・慶長元（1596）年には、マグニチュード6.9の大地震が起こり、別府湾の周辺を高さ4～8mの津波が襲った。またこの地震に伴って、湾内にあった瓜生島（うりゅうじま）が水没した。2005年3月には、玄界灘から博多湾方向（北西－南東方向）にのびる警固（けご）断層帯を震源とする福岡県西方沖地震が発生した。マグニチュード7、最大震度6弱の地震であった。2016年4月には、熊本から阿蘇、大分にまたがる地域で熊本地震が発生した。最大マグニチュードは7.3で、前震・本震・余震を含めると震度7が2回、6強が2回、6弱が3回観測された。この一連の地震は、別府－島原地溝帯に沿って分布する日奈久断層帯と布田川断層帯、および地溝帯の中にある別府－万年山断層帯が引き起こした。

　一方、フィリピン海プレートの沈み込みを直接受ける日向灘や、種子島から奄美大島を経て沖縄本島にいたる南西諸島北部では、しばしば規模の大きな地震が発生する。1911年には、喜界島近海でマグニチュード8.0の地震が発生し、沖縄や奄美諸島に被害が出た。

気象災害

　比較的新しい火山噴出物が広く分布する九州は、集中豪雨による気象災害が起こりやすい。特に梅雨の末期や台風の接近、およびそれらが重なった時に大災害が発生している。

　1982年7月23日から24日にかけて、長崎県南部を襲った集中豪雨（昭和57年7月豪雨・通称"長崎大水害"：死者・行方不明者299名）では、長崎市周辺で時間雨量100mmを超える豪雨が3時間以上続いた。長崎市に隣

接する長与町役場の雨量計は、1時間で187 mmの降水量を記録した。避難する車であふれた幹線道路を土石流が襲ったため、多数の車が被災し、その放置車両群は復旧の障害となった。繰り返し大雨警報が発令されても大きな被害が生じなかったことが、警報の軽視につながったとされている（中央防災会議 2005）。

1993年7月31日から8月7日にかけて、鹿児島県川内市から鹿児島市一帯を襲った集中豪雨（平成5年8月豪雨：死者・行方不明者93名）では、鹿児島市内を流れる甲突川、新川、稲荷川の3つの河川が氾濫し、甲突川に架けられた江戸末期の5つの石橋のうち、2つが流失した。また鹿児島湾に面するJR鹿児島本線の竜ケ水駅では、立ち往生していた電車が土石流に巻き込まれた。3万年前に姶良カルデラから噴出した入戸火砕流堆積物（シラス）が、もろく崩れやすい地質であることが、被害を大きくしたとされている（防災科学技術研究所 1995）。

これら以外にも、九州では1927年9月に熊本付近に上陸した台風が引き起こした高潮被害（死者373名、行方不明者66名）、1953年6月に福岡、佐賀、大分、山口で発生した豪雨災害（九州北部豪雨：死者748名、行方不明者265名）、1957年7月に長崎で発生した豪雨災害（通称"諫早水害"：死者586名、行方不明者136名）など、多くの気象災害が発生している。

自然災害とジオパーク

ジオパークにおいては、地域住民に地域の地学的特性や過去に起きた災害を伝える学校教育と社会教育が重要な活動であり、そうした活動が減災につながる。地域住民が地域の自然災害を知り、安全な場所までの避難方法を認識していれば、住民だけでなく土地勘のないビジターを突発的な自然災害から守ることができよう。素晴らしい景観や恵みをもたらす自然の環境の変動は、時として災いをもたらすことを住民が理解することが、自然災害が多発する地域に暮らし続けていくうえで重要な知識になる。

（大野希一・福島大輔）

【参考文献】
- 中央防災会議（2005）『1982 長崎豪雨災害報告書』内閣府
- 防災科学技術研究所（1995）『平成5年8月豪雨による鹿児島災害調査報告』主要災害調査 32.

❶ 島原半島ジオパーク

火山と共生する人々が創る独自の文化と歴史

図1 島原半島ジオパークの地形とStop位置図　図左下のStop 1は島原半島の南部、南島原市に位置する
北海道地図株式会社ジオアート『島原半島ジオパーク』をもとに作成

ジオツアーコース	
Stop 1：天草四郎と**火山噴火**との意外な関係	原城跡
Stop 2：江戸時代の大災害	仁田団地第一公園
Stop 3：大災害が生んだ**湧水**がつくる湖	白土湖

ジオヒストリー	先カンブリア	古生代	中生代	新生代
（年前） 46億	5億	2.5億	6600万	500万

島原半島

Stop 4：まちなかに残る大災害からの復興の証	音無川
Stop 5：かんざらしを生み出した**湧水**	浜の川湧水
Stop 6：噴火災害を伝える拠点施設	がまだすドーム
Stop 7：平成噴火とその災害遺構1	旧大野木場小学校被災校舎
Stop 8：平成噴火とその災害遺構2	土石流被災家屋保存公園

阿蘇山の破局的噴火
（9万年前）

雲仙普賢岳噴火
（1990～1995年）

新生代

10万　　　1万

眉山大崩壊と津波
（1792年）

現在

島原半島ジオパークは、長崎県島原半島に位置し、中央に世界有数の活火山である雲仙火山を擁する（図1）。雲仙火山は有史に3回の噴火を起こし、そのたびに災害を引き起こしてきた。特に1990年から約5年間継続した噴火とその長期災害は、当時の社会に強いインパクトを与えた。また島原半島では、1637年に勃発した島原・天草一揆や、1792年に生じた島原大変など、人々の暮らしに大きな影響を与えた歴史的事件も起きている。しかし、島原半島に暮らす人々は、度重なる噴火災害から繰り返し復興し、雲仙火山がもたらす大地の恵みを活用し、時に大きな戦乱を経験しながら、活火山と人々が共生する独自の文化をつくり上げてきている。

天草四郎と火山噴火との意外な関係

寛永14（1637）年〜1638年にかけて島原・天草一揆が起きた。領主の度重なるキリシタン弾圧、天候不良による凶作と飢饉、さらには、当時築城中だった島原城建設のための過酷な労役と重税に苦しめられた領民の不満が爆発し、島原側と天草側で合わせて約3万人が起こした、国内最後の戦乱である（松本2009）。およそ200年間にも及んだ徳川幕府の鎖国政策を決定づけた戦乱の最終激戦地である原城跡は、その歴史的な意義のみならず、地質学的に見ても大変重要なジオサイトである。

明応5（1496）年、当時島原半島を統括していた戦国武将有馬貴純は、本城である日野江城の出城として、「原の島」と呼ばれた標高約30 mの高台を利用して原城を築いた（松尾1997）。干満差の大きな有明海に面していた原城の周囲は、満潮時には海水が陸側に入り込み、天然の堀となった。城を築くのに適した、海に突き出たこの「原の島」は、9万年前に阿蘇山が引き起こした破局噴火に伴う巨大火砕流（Aso-4火砕流）が、島原半島まで達することによってつくられたものである（小野・渡辺1985）。

図2は、原城跡の海岸沿いの露頭である（Stop 1）。この露頭では、右側に淡灰色〜淡茶褐色を呈するAso-4火砕流堆積物が、また左側には砂泥互層（一部礫層を含む）が見られる。この砂泥互層は、180万年前（岡田・大塚1980）に堆積した口之津層群大屋層上部層で、Aso-4火砕流堆積物とは破砕帯（？）を挟んで北落ち正断層の鳳上岳断層で接している（大塚ほか1995）。この地域のAso-4火砕流堆積物の平均層厚は約15 mと見積もられていることから、「原の島」はAso-4火砕流によって約15 mも嵩上げされていることになる。

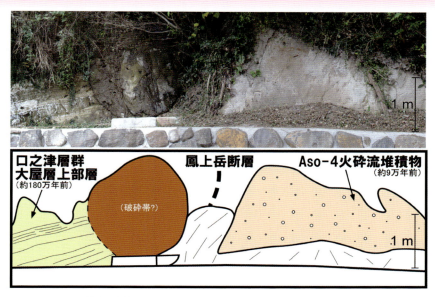

図2 原城跡の海岸沿いに見られる Aso-4 火砕流堆積物の露頭写真とそのスケッチ
(2010年11月16日撮影)

　このことは、阿蘇山で破局噴火が起こらなかったら、または Aso-4 火砕流が島原半島まで達していなかったら、城をつくるのに適した平坦な高台は得られなかったことになる。もし、Aso-4 火砕流が原の島付近に堆積していなかったら、有馬貴純はここに城を築いたであろうか。もし、原城が存在しなかったら、島原・天草一揆は、そしてその後の日本は、いったいどのような推移をたどったのであろうか。およそ9万年前、当時の九州を壊滅させた阿蘇山の破局噴火は、その9万年後に、歴史上の大事件の舞台をつくりだしたのである。

江戸時代の大災害

　寛政4 (1792) 年5月日酉の刻 (午後8時) 過ぎ、島原市の西にそびえる眉山溶岩ドームの南側のピークである天狗山は、雲仙普賢岳噴火の末期に生じたマグニチュード6.4の直下型地震によって大崩壊を起こし、岩屑なだれを発生させた。3.4億 m³ という、平成噴火で噴出したマグマの総量をしの

ぐ量の土砂の大半が、わずか数分のうちに有明海に突入したため（雲仙復興事務所 2003）、大津波が発生した。この山体崩壊（さんたいほうかい）と津波により、島原半島側で約 9000 人、対岸の熊本・天草側で約 6000 人が犠牲となり、「島原大変肥後迷惑」という言葉が生まれた（片山 1974）。今なお国内最大の火山災害である島原大変の痕跡は、現在も島原市内に数多く残されている。

　図 3 は、島原大変の概要を眺望できる仁田団地第一公園（Stop 2）からの展望である。島原市内には小高い丘が森となって点在し、その特徴的な景観が海まで続いている。これらの小高い丘は、崩壊によって生じた天狗山の残骸、すなわち流れ山である。海まで達した流れ山がつくった小島群はまとめて九十九島（つくもじま）と呼ばれ、その景観を売りにしたホテルが海岸沿いに何軒も建っている。島原大変の 20 年後にあたる文化 9（1812）年、島原の海岸線を測量した伊能忠敬は、45 の島と 4 つの瀬を数えた。しかし、海食や埋め立てなどによって島の数は減少し、現在は 22 となっている（雲仙復興事務所 2003）。

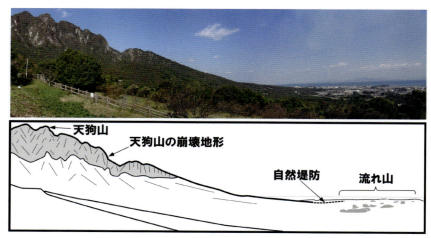

図 3　仁田団地第一公園から見た景色とそのスケッチ（2010 年 11 月 10 日撮影）
溶岩ドームの崩壊地形と、岩屑なだれが流下時に形成した自然堤防、そして市内に点在する流れ山が一望できる

まちなかに残る大災害からの復興の証－白土湖と音無川

　1792年に起きた眉山の山体崩壊に伴う土砂は、流れる過程でその縁辺部に堤防のような連続的な高まり（自然堤防）をつくった（図3）。山体崩壊の発生後、この自然堤防の外側に生じた窪地に、周囲の井戸からあふれ出た大量の地下水が溜まり、湖ができた。それが白土湖（Stop 3）である。

　白土湖は、現在は南北200 m、東西70 mほどの大きさだが、形成当初は南北900 m、東西180 mもの大きさを有した（長崎県衛生公害研究所1993）。白土湖の出現により、当時の主要街道である島原街道は寸断され、災害復興や物資輸送の足かせとなった。そこでこの街道を復旧させ、城下町島原を再

図4　島原大変前の海岸線と現在の様子の比較図
山体崩壊の土砂の採石範囲と、流れ山の分布も併せて示す。2.5万分の1地形図「島原」に加筆

興するために、人の手によって湖水を排水するための水路が掘られた。しかし、足場の悪い被災地での工事は難航した。38カ所の村から2万人もの人員が動員され、工事着工から約半年後の1793年5月9日にようやく水路が開通した。この水路は水源と河口との標高差が6mほどしかなく、せせらぎの音がほとんどしないことから、音無川と名づけられた（Stop 4）。今もたゆまなく水が湧く白土湖と、静かに島原市内を流れる音無川は、江戸時代の大災害とそこからの復興を願った人々の想いを今に伝える証である。

　1792年に発生した寛政噴火については、当時の島原の様子を詳しく記録した絵図が数多く残されている。これらの絵図から復元された、山体崩壊前の島原周辺の海岸線と、現在の海岸線を重ねた地図（雲仙復興事務所2003）に、山体崩壊による土砂の分布域を重ねたものが図4である。白土湖南端の交差点の中央が、山体崩壊発生前の海岸線である。また音無川は、河口周辺では山体崩壊発生前の海岸線に沿って流れている。これは、当時の土木技術ではもともと島原の湾内にあった島（松島）がつくる高まりを切り通すことができず、低地を選んで水路を掘り進んだことによる。かつての海岸線沿いには、流死供養塔や回向堂が建てられている。土砂やがれきだけでなく、たくさんの流死者が打ち上げられたことが想像される。さらに、かつて島原湾の中にあった島の名残である弁天山の上には、天女塔と呼ばれる仏塔がある。これは、明治から大正にかけて、アジア諸国に出稼ぎに行った労働者（からゆきさん）の浄財で建てられたものである。

湧水を用いた大地の恵みーかんざらし

　現在、浜の川湧水（Stop 5）や水頭湧水がある場所は、山体崩壊が発生する前は海であった。しかし、崩壊土砂が海を埋め立てたために、本来海底に湧き出すはずの湧水が地表に噴き出した。つまりこれらの湧水は、天狗山の崩壊が生んだものである。

　明治に入り、浜の川湧水に隣接するお店が、この湧水を利用して素朴なお菓子をあみだした。これが「かんざらし」である。湧水で練り上げ、湧水で湯がき、湧水にさらしてつくった白玉だんごを、湧水でつくった冷たく甘いシロップに浸して食べるこの素朴なお菓子は、湧水を用いるからこそ得られる白玉だ

んごの独特の触感とシロップの奥深い味が評判となり、この店の名物メニューとなった。かつて遠方から多くの著名人が訪れたこのお店も、今は閉店してしまったが、湧水をふんだんに用いてつくる「かんざらし」は、今では島原を代表する冷菓子となり、市内各所で地元住民や観光客を楽しませている。

平成の噴火災害

　1990年11月17日、雲仙普賢岳は噴火した。1991年に入り、2月、4月と噴火は繰り返され、同年5月20日には山頂に溶岩ドームが出現した。地下からのマグマの供給によって成長を続けた溶岩ドームは、ついにその一部が山の縁から崩れはじめた。火砕流の発生である（写真1）。同年6月3日には、規模の大きな火砕流が発生し、同時に発生した熱風が43名の命を奪った。9月15日には最大規模の火砕流が発生し、熱風が麓の小学校を焼失させた。火砕流は繰り返し発生し、1993年6月には熱風でさらに1名が犠牲になった。災害は火砕流だけにとどまらなかった。大雨時には山腹にたまった土砂が雨水と混ざり、土石流となって海まで達し、多くの家屋と田畑が土砂に埋もれた。成長する溶岩ドームの崩落に伴う火砕流と土石流の発生に特徴づけられ

写真1　溶岩ドームの崩落に伴って発生した火砕流と、そこから舞い上がる噴煙
（1992年8月16日17時43分撮影）

写真2 現在の雲仙普賢岳の景色 (2011年7月撮影) 南島原市深江町にて

写真3 がまだすドームの展示の1つ「焼き尽くされた風景」(写真提供:がまだすドーム、2012年3月撮影)
被災地の様子を再現している

写真4 旧大野木場小学校被災校舎 （2015年11月撮影）
1991年9月15日に発生した火砕流に伴う熱風で焼失した校舎を、被災当時のまま保存している

写真5 土石流被災家屋保存公園 （2014年1月撮影）
1992年8月13〜15日にかけて、断続的に発生した土石流に埋没した家屋群を保存している

る平成噴火は、およそ5年間続いたのち、終息した（写真2）。

　がまだすドーム（Stop 6）は、今では見ることのない雲仙普賢岳の平成噴火とその災害の様子や、島原大変にまつわるエピソードを、体験しながら学習できる展示場である（写真3）。しかし噴火災害を知らない訪問者にとって、この展示場の見学だけでは、噴火当時の様子をリアルに思い描くことは難しいであろう。これを補うのが"本物"の被災遺構である。

　がまだすドームから車で10分足らずの場所には、1991年9月15日に発生した最大規模の火砕流に伴う熱風で焼失した小学校の校舎が保存・展示された旧大野木場小学校被災校舎（Stop 7、写真4）がある。さらにそこから約10分移動すれば、土石流に埋もれた11棟の家屋群を保存した土石流被災家屋保存公園（Stop 8、写真5）もある。がまだすドームとこれらの被災遺構を見学すれば、平成噴火を知らない訪問者も、かつてこの地で大きな災害があった事を容易に実感できるであろう。

島原半島ジオパークで伝えたいこと

　島原半島は大規模な火山災害や歴史的事件に繰り返し見舞われている。壊滅的な被害を被ったにも関わらず、人々はまちを再建し、またここに暮らしはじめる。これは一体なぜなのだろうか？

　島原半島には、400年以上の歴史を誇る手延べそうめんを含む、多くの郷土料理がある。これらの郷土料理のもととなる農作物は、火山噴火がもたらした地層や岩石が、数万〜数百万年におよぶ年月をかけて変化した肥沃な土が育んだものである。また、生物にとって必要不可欠な湧水や、癒しをもたらす温泉、美しい景観は、すべて雲仙岳を含む火山噴火が長い年月かけてつくりあげたものである。火山は時に噴火する。しかし火山噴火がなければ、今の私たちの暮らしは存在しえない。そのことを経験的に知っているからこそ、人々は火山を敬い、あえて火山の近くに住み続けるのではないだろうか。これは日本という災害大国に多くの人が暮らし続ける理由にもつながる命題といえる。ぜひ島原半島ジオパークで、自然災害に対峙し、自然と共存しようとしてきた地域の人々の価値観を学び、自然とそうした人々の営みの素晴らしさに感動する感性を培ってほしい。

（大野希一）

【参考文献】
- 雲仙復興事務所（2003）『島原大変－寛政四年（1792年）の普賢岳噴火と眉山崩壊』
- 大塚裕之・外間嘉春・田中利明・後村信幸・竹之内貴裕・上野宏共（1995）島原半島南部の地質の再検討．鹿児島大学理学部紀要（地学・生物学）28，181-241．
- 岡田雅子・大塚裕之（1980）口之津層群における凝灰岩および竜石層の安山岩のジルコンのフィッション・トラック年代．第四紀研究 19，75-85．
- 小野晃司・渡辺一徳（1985）『阿蘇火山地質図』地質調査所
- 片山信夫（1974）島原大変に関する自然現象の古記録九大理学部島原火山観測所研報 9，1-45．
- 長崎県衛生公害研究所（1993）『長崎県温泉誌Ⅲ－島原温泉と雲仙・普賢岳噴火災害』
- 松尾卓次（1997）『島原街道を行く』葦書房
- 松本慎二（2009）島原・天草地方一揆と天草四郎最後の場所－発掘された原城の実像．松尾卓次編『島原半島の歴史』郷土出版社，82-83．

【問い合わせ先】
- 島原半島ジオパーク協議会事務局
  長崎県島原市平成町1-1 がまだすドーム内 ☎ 0957-65-5540

【関連施設】
- がまだすドームおよび島原半島世界ジオパーク情報スペース
  長崎県島原市平成町1-1 ☎ 0957-65-5555
- 有馬キリシタン遺産記念館
  長崎県南島原市南有馬町乙1395 ☎ 0957-85-3217

【注意事項】
- 島原半島世界ジオパークにきたら、まずはがまだすドーム内にある「島原半島世界ジオパーク情報スペース」にお越しください。島原半島世界ジオパークに関するパンフレットやガイドブックなど、すべての情報が入手できます。
- 「原城跡」は国指定史跡です。露頭での試料採取はご遠慮下さい。

【地形図】
2.5万分の1地形図「島原（しまばら）」「雲仙（うんぜん）」「須川（すかわ）」

【位置情報】
```
Stop 1 : 32°37' 58"N,  130°15' 35"     原城跡
Stop 2 : 32°45' 32"N,  130°21' 17"     仁田団地第一公園
Stop 3 : 32°46' 50"N,  130°22' 00"     白土湖
Stop 4 : 32°46' 46"N,  130°22' 08"     音無川
Stop 5 : 32°46' 44"N,  130°22' 29"     浜の川湧水
Stop 6 : 32°44' 37"N,  130°22' 33"     がまだすドーム
Stop 7 : 32°44' 44"N,  130°20' 27"     旧大野木場小学校被災校舎
Stop 8 : 32°44' 21"N,  130°22' 04"     土石流被災家屋保存公園
```

島原半島

❷ 阿蘇ジオパーク

阿蘇山の大地と人々の暮らし

図1 阿蘇ジオパークの地形とStop位置図
北海道地図株式会社ジオアート『阿蘇ジオパーク』をもとに作成

ジオツアーコース	
Stop 1：**巨大噴火**の凄まじさ神話息づく	
世界最大級のカルデラ火山と広大な**草原**	大観峰
Stop 2：地球の息吹を間近に感じる**活火山**	中岳火口

ジオヒストリー	先カンブリア	古生代	中生代	新生代
（年前） 46億	5億	2.5億	6600万	500万

Stop 3：	**カルデラの崩壊と神話**	立野渓谷
Stop 4：	阿蘇開拓の神話と土地の名前	国造神社
Stop 5：	**阿蘇黄土**と古代の文化	阿蘇黄土
Stop 6：	阿蘇カルデラでの生活と**草原**	押戸石

阿蘇カルデラの形成（9万年前）　中岳の活動開始（2万2000年前）　米塚の噴火（3000年前）

新生代

10万　1万　現在

写真 1 カルデラ内部を大観峰から望む（2011 年 9 月撮影）

　阿蘇ジオパークは九州の中央に位置し、東西 18 km、南北 25 km のカルデラを有している。日本列島にはカルデラはいくつもあるが、その中でもこの阿蘇カルデラは、巨大で、その形態が明瞭である。さらに、カルデラ内には国道や鉄道が通り、約 5 万人の人々が生活する。火山噴火や急峻な斜面の崩壊など、自然災害が多発する地域でもある。阿蘇ジオパークではこうしたダイナミックな大地の変動によってつくり出された景観とともに、そこで営まれてきた人の文化に触れることができる。

日本全土を灰で覆った巨大噴火

　阿蘇山は、27 万〜9 万年前に巨大噴火を 4 回起こしている。特に 9 万年前の噴火は凄まじく、北海道でも火山灰層が見つかっている。噴火時には、大規模な火砕流が発生していて、前述の 4 回の噴火により発生した火砕流は、古いほうから Aso-1、Aso-2、Aso-3、Aso-4 と呼ばれている。この火砕流堆積物は九州各地で見つかっている。熊本城近くの京町台地はこの火砕流堆積物でつくられている。さらに、この火砕流は海を越えて長崎県の島原半島や山口県までも到達している。噴火直後は、九州とその周辺地域は火砕流に埋め尽くされ、あたり一面まっ平らな荒野になってしまったと考えられている。

　大量の火山噴出物があったこの噴火で、地下が空洞化し、阿蘇山一帯は大

きく陥没した。その陥没した跡が阿蘇カルデラである。大観峰(Stop 1)では、そのカルデラを見渡すことができる。峰の突端に立つと、陥没した地形から巨大噴火の凄まじさを感じることができる(写真1)。

カルデラ形成後の火山活動

阿蘇カルデラが形成された後、カルデラの中央部では断続的に火山活動が続き、少なくとも10以上の火山がつくられた。これらの火山は、中央火口丘群と呼ばれている。このうち中岳(Stop 2)は、現在も噴煙を上げる活火山である。最近の中岳の活動にはある一定のサイクルがあるといわれている。静穏時には火口内にエメラルドグリーンの湯だまりが出現する(写真2)。その後、活動が活発になると湯だまりがなくなり火口の底が露出し、やがて噴火する。静穏時には火口の縁から湯だまりを覗くことができる。活火山の火口を間近に見ることができる貴重な場所である。火山ガスは24時間常時モニタリングされ、たとえ活動が活発でない時でも、濃度が高い場合には立ち入ることができない。

写真2 中岳火口 (目代邦康、2011年9月撮影)

中岳の噴火は、灰を多く噴出する灰噴火であることが特徴である。阿蘇の人々はこの噴火と向き合って生きてきた。12世紀の鎌倉時代には、降灰や噴石により田畑に被害があったという記録がある。近年では2014年〜2016年現在まで噴火が継続し、たくさんの火山灰が噴出されている。

　火山の噴火の仕方は様々である。阿蘇カルデラをつくったような巨大噴火もあれば、阿蘇中岳のように灰を出し続ける噴火もある。噴火の間隔も様々で、1万年に1回起こる巨大噴火もあれば、数十年間隔の阿蘇中岳のような噴火もある。阿蘇ジオパークの火山景観は、過去の多様な火山活動の結果、つくり出されたものである。

カルデラ壁の崩壊と神話

　カルデラはその内側に湖をつくることが多い。阿蘇では少なくとも過去3回、湖ができたと考えられている。その湖に関して、面白い神話が残されている。健磐龍命（たけいわたつのみこと）という阿蘇開拓の神様は、湖になっていたカルデラの中に、人が住めるようカルデラの壁を蹴破ろうとした。阿蘇カルデラが湖水を湛えていたのは地学的事実で、それも南北カルデラ谷で水が流れ出た時期が異なるため、両谷の地質や侵食の程度にも違いが見られる。南側は発達した南郷谷（なんごうだに）の段丘地形が観察できるが、北側は黒川や赤水といった地名からも想像できるとおり鉄分を多く含む平坦な土壌が広がる。

　健磐龍命がはじめ蹴破ろうとした壁の部分は二重になっていたため壊れなかったが、次に蹴った場所では見事に蹴破ることができた。神様が蹴破ると、水がドッと流れた。水が引いた所が引水（ひきのみず）（菊池郡大津町）、小石が飛んだ所が合志（こうし）（合志市）、土が崩れて津久礼（つくれ）（菊池郡菊陽町）、飛んだ土は小山、戸山（熊本市）という地名となった。壊れなかった場所は二重峠（ふたえのとうげ）と呼ばれており、壊れた場所は、蹴った勢いで神様が尻もちをつき「立てぬ」といったため「立野」という地名となった（Stop 3、写真3）。このカルデラの壁が途切れている景観をよく見ることができるのは、草千里ヶ浜展望所である。条件が良ければ海を隔てた先に島原半島の雲仙岳を眺めることができる（写真4）。

写真3 立野渓谷（目代邦康、2015年8月撮影）

写真4 草千里ヶ浜展望所から見た立野渓谷（2014年9月撮影）
写真の最も奥に写っているのが雲仙岳

阿蘇の鯰からみる神話と歴史

　カルデラの壁を蹴って水を流した神話には続きがある。ようやく水が引いて田畑がつくれると思った神様だが、カルデラの水が何かに堰き止められていて水が流れていかない。見ると大きなナマズが横たわっていた。神様が「御免」と斬りつけるとナマズは大人しく立野渓谷を流れていったそうである。流れ着いた先が鯰村（熊本県上益城郡嘉島町）、重さを量ると6荷あったので六荷村（嘉島町六嘉）となったという。こうした阿蘇の神様に広域な地名が絡むのは、歴史学的には阿蘇家の勢力圏拡大と大きな関係があるといわれている。阿蘇家は現在、阿蘇神社の宗主であり、この地方の信仰的な中心だが、中世までは政治的軍事的な中心でもあった。

　阿蘇の人たちはナマズに対して感謝の念を持っており、国造神社（Stop 4）に今も鯰社が祀られているのは興味深い。国造神社には、健磐龍命の第一子、速瓶玉命が祀られており、阿蘇農耕に関わる神事が数多く残されている。この神事は阿蘇神社と同様に「阿蘇の農耕祭事」として国の重要無形民俗文化財に指定されており、神殿と拝殿は市の有形文化財に指定されている。

カルデラの恵み

　火山が続いているので、阿蘇山は噴火による災害だけでなく、様々な恵みももたらしてくれる。阿蘇カルデラの北半分の阿蘇谷には、湖の時代に堆積したと考えられている阿蘇黄土（リモナイト）と呼ばれる黄色い土が広く堆積する（Stop 5）。戦時中は八幡製鉄所まで送られたが、今は主に脱硫剤として地元の会社が製造販売を続けている。このリモナイトは、熱すれば真赤に変わる。いわゆるベンガラである。このベンガラは、古代には塗料として使われていた。

　阿蘇谷北東部の黒川とその支流である東岳川の合流地点付近の水田地帯には、5世紀前半〜中頃に築造されたと考えられている前方後円墳などの古墳群（中通古墳群）や上御倉・下御倉古墳（熊本県指定文化財）がある。その石室内が丹く塗られているのは、このベンガラによるものだろう。熊本県は、色鮮やかな装飾古墳が日本の中でも特に多いといわれているが、それは装飾

古墳に使われているベンガラの材料である阿蘇黄土が手に入りやすかったことや、石材として適した阿蘇火砕流の堆積物である溶結凝灰岩が手に入れやすかったことが要因として考えられる。阿蘇の巨大噴火によりつくられた大地や湖の堆積物は、この地域の文化を発展させる基礎となってきたのである。

あか牛と草原

　阿蘇山は大変に視界が広い。そして全体的に黄緑色の明るい色をしている。その理由は、山に木がないからである。地元では遠見ヶ鼻と呼ばれる北外輪山の大観峰や南外輪山の俵山展望所から阿蘇カルデラを眺めれば広大な草原景観が眼前に広がる（写真5）。

　阿蘇を拓いた神様は、杵島岳に腰をすえてこの景観をぐるりと見やり、的石めがけて弓を引き、家来の鬼八法師に矢を拾いに走らせた。99本までは真面目に走った鬼八だが、疲れて100本目を蹴り返したため神様の逆鱗にふれ、斬ろうとする神様と逃げ回る鬼八が阿蘇を舞台に激しくやりあった。そのとき鬼八が蹴破った穴が外輪山中にあちこち残っている。らくだ山周辺では穿戸と呼ばれている。結局、鬼八は捕まり斬られるが、その怨念で阿蘇山には多大な霜が降るようになった。農民たちが霜害に困ったため、鬼八の霊

写真5　押戸石の草原景観（2015年9月撮影）

写真6 霜宮神社の火焚き神事（2002年9月撮影）

を祀り慰めようとしたのが霜宮神社の火焚き神事（国指定重要無形民俗文化財）である（写真6）。今も氏市や火焚き乙女らが、およそ2カ月も火を守り通す。

　阿蘇山が草原の山（草山）なのはなぜか？それは、阿蘇山全体が放牧場あるいは採草地だからである。阿蘇の痩せた火山灰土壌に生きる人々は、厳しい環境の中であか牛を飼い、その堆肥や山からの草肥を田畑に鋤き込むことで皆が生きられる土壌をつくってきた。現在、日本の和牛はほとんど黒牛へ変わってしまったが、阿蘇では、あか牛飼育の伝統が比較的守られている。

　人々は農業のため、畜産のため、生活のため山から草を切り出し、広大なコモンズとして草原を共有管理してきた。毎年春に野焼きをし、夏に放牧をし、秋には長い冬に向け採草する。こうした一連のサイクルを何十年も何百年も繰り返してきた。草原は、こうしたことによってできた二次的な生態系（里山）なのである。その結果、阿蘇山には1600種もの植物が育ち、105種

写真 7　草原での放牧の様子（2014 年 5 月撮影）

のチョウ類や 150 種もの鳥類など稀少動植物の宝庫となっている。日本の植物の 5 分の 1 は阿蘇山に生育しているといわれている。かつて中国大陸や朝鮮半島から渡ってきた植物たちが未だ阿蘇の草原には生きており、彼らは日本列島と大陸が地続きだったことを証明する生き証人である。もし阿蘇山がすべて森林になってしまったら、その損失は計り知れないだろう。環境省は風景、動植物、農畜産業、水、文化の 5 つを阿蘇山の持つ価値としてあげている。

　現在、阿蘇山では年々この草原景観を維持することが困難になってきている。いわゆる阿蘇の草原問題である。この草原は、放牧をしたり、野焼きをして低木が繁茂するのを防がないと森林になってしまう。野焼きは、阿蘇の人々の手で毎年 2 月〜 3 月に行われている。年に一度、山を焼くという作業は大変な重労働である。作業は、前年夏以降の防火帯づくりからはじまる。ほかのエリアに延焼しないよう防火線を切る輪地切りや、切った草を焼いて防火帯を完成させる輪地焼きなどの作業がある。その防火帯の距離は総延長で 600 km を超える。そして翌春火が入れられ、広大な冬枯れの草が焼かれる。この火入れは命がけの作業である。こうした作業を経て、阿蘇の草原景観が維持されているのである（写真 7）。

阿蘇の自然と人の関わりを最もよく表している草原景観は現在危機的な状況にある。担い手の高齢化や農業形態の変化により維持するのが困難なためである。そもそも「自然を守る」とはどういうことなのだろうか？人間を自然から離すことで自然を守ろうとするならば、阿蘇の自然は決して守られない。阿蘇の自然は人間と不可分だからである。阿蘇ジオパークで、自然と人間の関わりに対する考えを深めていただきたい。　　（梶原宏之・永田紘樹）

【参考文献】
- 山中　進・鈴木康夫（2015）『熊本の地域研究』成文堂
- 渡辺一徳（2001）阿蘇火山の生い立ち－地質が語る大地の鼓動（自然と文化阿蘇選書－阿蘇一の宮町史 7）熊本県一の宮町

【問い合わせ先】
- 阿蘇ジオパーク推進協議会事務局
  熊本県阿蘇市赤水 1930-1 阿蘇火山博物館 1 階　☎ 0967-34-2089
  http://www.aso-geopark.jp/

【関連施設】
- 財団法人阿蘇火山博物館
  熊本県阿蘇市赤水 1930-1　☎ 0967-34-2111
- NPO 法人 ASO 田園空間博物館
  熊本県阿蘇市黒川 1440-1　☎ 0967-35-5077
- 南阿蘇ビジターセンター
  熊本県阿蘇郡高森町大字高森 3219　☎ 0967-62-0911

【注意事項】
- 阿蘇中岳では、火山ガスの状況によりゾーニング規制を行っているため、見学の際には阿蘇火山西火口規制情報ウェブサイトなどで、事前に規制情報を確認してください。

【地形図】
2.5 万分の 1 地形図「鞍岳」「坊中」「満願寺」「坂梨」「立野」「阿蘇山」「根子岳」

【位置情報】
Stop 1：32°59'44"N，131°04'01"E　　　　大観峰
Stop 2：32°52'54"N，131°05'07"E　　　　中岳火口
Stop 3：32°52'42"N，130°59'11"E　　　　立野渓谷
Stop 4：32°59'20"N，131°07'27"E　　　　国造神社
Stop 5：32°56'45"N，131°01'15"E　　　　阿蘇黄土
Stop 6：33°01'51"N，131°03'01"E　　　　押戸石

コラム1 土壌

　土壌とは、単に岩石が細かくなって、落ち葉などの有機物と混ざり合ったものではなく、気候、生物、地形、地質、時間、人為といった環境因子の相互作用でつくり上げられた、地域に固有の存在である。土壌の断面は地域の自然生態系の歴史や、人々の営みを記録している歴史的自然体といえる。土壌の断面

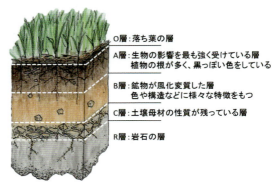

図1　土壌層位の模式図

は、色、生き物の影響の度合い、含まれる石の量や形、土性、土壌構造の違いなどによって、いくつかの層にわけることができる。これを土壌層位といい、上からO層、A層、B層、C層と呼ぶ（図1）。この土壌層位は、生き物の働きと岩石の風化、両方の作用によりつくられる。そのため、地域の自然史を反映し、土壌生成作用の特徴を持った特有の層序がつくり出される。そこには、火山活動、洪水や津波、生物活動、人間活動の遺物や遺構が内包されていることもある。

　日本列島には、温暖湿潤な気候、火山地域という環境条件の影響を受け、森林植生下に見られる褐色森林土（写真1）、火山灰から生成する黒ぼく土（写真2）が広く分布している。さらに、高山地域のポドゾル性土や、湿原の泥炭土、沖積土を水田利用した結果生成する水田土など、多様な環境を反映して多様な土壌が分布している。

　九州・沖縄地方は、暖かい気候環境下であることから、赤色や赤黄色の土壌が多く見られる（写真3）。これは、暖かい気候条件で長期間土壌の風化が進行すると、土壌中の鉄が酸化して赤色のヘマタイトや黄色のゲータイトが生成するためである。赤黄色土は、粘土含量が高く、pHが低く、養分や有機物含量が少ない土壌特性をもつ。沖縄では砂岩、頁岩、千枚岩、国頭礫層などの非石灰質の岩石から生成した国頭マージと呼ばれる赤黄色土が広く分布してい

写真1 褐色森林土
森林植生下に生成する土壌で、日本で最も広く分布。長野県南佐久郡（2008年8月撮影）

写真2 黒ぼく土
火山灰からできた土壌で、黒くて厚いA層をもつことが特徴。岡山県真庭市（2011年10月撮影）

写真3 赤黄色土
気温が暖かい所でできる土壌。沖縄県石垣市（写真提供：前島勇治、1998年2月撮影）

写真4 琉球石灰岩上の暗赤色土
（2016年3月撮影）

写真5 桜島文明テフラ、霧島御池テフラ、鬼界アカホヤテフラを含む黒ぼく土
宮崎県都城市（写真提供：井上 弦、2000年10月撮影）

る。石灰岩上には赤みがくすんだ島尻（しまじり）マージと呼ばれる暗赤色土が見られる（写真4）。九州地方の火山周辺では、噴火活動と植物の回復が繰り返された結果、火山灰と黒色の土壌が交互に累積した露頭を観察することができる（写真5〜7）。土壌には地域によって呼び名があり、そうした名前の由来は、人間と

写真6 主に阿蘇山起源テフラを母材にする黒ぼく土
熊本県阿蘇市（写真提供：井上 弦、2004年5月撮影）

土壌の付き合いを紐解く鍵となる。

　地殻の構成要素としてはごく薄い厚みしか持たないが、土壌は、植物を育て、生き物を育み、水を貯え浄化し、有機物を分解して養分を循環させている。土壌は地域生態系の歴史を保存していると同時に、地域生態系の基盤として重要な役割を担っているのである。しかしながら、近年、都市化や廃棄物による汚染によって、土壌が急速に失われている。さらに、自然の土壌層位は耕地化や基盤整備によってたやすく攪乱されてしまう。失われてしまった土壌や、貴重な学術資料としての価値を持つ土壌層位は、人間の力でもとに戻す

写真7 鬼界カルデラ起源テフラを母材にする黒ぼく土
鹿児島県三島村竹島（写真提供：井上 弦、2014年11月撮影）

ことはできない。生態系や景観の保全をする上で土壌層位そのものの保全が不可欠であり、その方法やデータの活用方法については今後検討していかなければならない。

（浅野眞希）

❸ 天草ジオパーク

暮らしと心を豊かにする石ものがたり

図1 **天草ジオパークの地形とStop位置図** 図右下のStop 7は下島の南、下須島に位置する
北海道地図株式会社ジオアート『天草ジオパーク』をもとに作成

ジオツアーコース

Stop 1：天草の入り口　　　　　　　　　　　　吹割岩
Stop 2：**多島海の景観**　　　　　　　　　　　高舞登山
Stop 3：岩盤に彫られた梵字　　　　　　　　　小ヶ倉観音

ジオヒストリー	先カンブリア	古生代	中生代 恐竜の楽園(1億年〜6600万年前)	新生代 大型哺乳動物出現(5000万年前〜)
（年前） 46億	5億	2.5億	6600万	500万

Stop 4：邪魔物を活かす**防風石垣**	棚底
Stop 5：祇園橋に秘められた歴史	本渡
Stop 6：**暴れ川**の流れを変える	楠浦
Stop 7：煙の発たない天草の**石炭**	牛深、下須島
Stop 8：下島西海岸妙見浦と**天草陶石**	苓北町〜天草市高浜

褶曲構造の形成と貫入岩の活動
(1900〜1400万年前)

天草大水害
(1972年)

新生代

10万　　1万　　　　現在

天草ジオパークは、有明海（島原湾）、八代海（不知火海）、天草灘（東シナ海）に囲まれた、天草上島（以下、上島）、天草下島（以下、下島）などの島々からなる。島々は主として中生代白亜紀から新生代古第三紀に形成された堆積岩類からなり、これらから恐竜や大型哺乳動物などの脊椎動物のほか、アンモナイトやトリゴニアなどの軟体動物の化石が豊富に産出する。これらの大きく褶曲した地層は、侵食を受けて、ケスタ地形をつくり出している。

　天草ジオパークの活動は、天草市御所浦町で天草御所浦ジオパークとしてはじまった。御所浦町は、船でしか行けない熊本県で唯一の離島の町である。御所浦島からは1997年、恐竜の骨の化石が発見され、また、牧島から発見された古第三紀の大型哺乳動物の化石が公表されて、一躍その存在が内外に知られるようになった。御所浦白亜紀資料館には恐竜をはじめ、御所浦島を含めて天草地域から産出するアンモナイトやイノセラムスなどの化石が展示されている。

火山の出迎え

　天草の玄関、大矢野島の北半部は約300万年前に活動した火山群からなっている。天草五橋の1号橋を渡ると左手に大きな採石場が見える。この山を飛岳というので、採石は飛岳石と名付けられている。岩質は角閃石デイサイトで、対岸の三角西港の埠頭石積にたくさん使われている。この角閃石デイサイトは溶岩ドームをつくり、飛岳のほか柴尾山や対雲山、さらに野釜島や髙杢島を形成している。

　対雲山には、吹割岩と称される場所がある（Stop 1、図2）。吹割岩は幅5〜8 mの隙間で、両側が15 mのほぼ垂直な崖からなる。その先には洞穴があって、島原・天草一揆の折、原城に立

図2　大矢野島北部の地形
北海道地図株式会社ジオアート『天草ジオパーク』に加筆

写真1 吹割岩（2014年6月撮影）
天草四郎を救い出そうとした洞窟がある（右写真中央）

て籠もった天草四郎を救出すために掘った穴だとの伝承がある（写真1）。この洞穴は、地下から角閃石デイサイト質マグマが上昇してきて、地上にドームをつくり、それが冷えた時にできた割れ目であると考えられる。そのため、残念ながら洞穴は島原半島までは続いていないだろう。

上島のケスタ地形

　松島町にある高舞登山山頂の展望台からは、大矢野島から天草五橋でつながれた島々が見える（Stop 2、写真2）。天気の良い日は、大矢野島の向こうに島原半島雲仙普賢岳や宇土半島の三角岳も望める。上島には天草の主要部を構成する白亜紀の姫浦層群と古第三紀の地層（赤崎層、白岳層、教良木層）が分布している。それらの地層は褶曲し、侵食されケスタ地形をつくり出している。次郎丸嶽や千元森嶽、千巌山の西側斜面は地層の傾斜に沿った斜面となっていて緩斜面である。一方東側斜面は、地層を切断するような斜面と

写真2 高舞登山から見る天草の多島海 （2013年11月撮影）

写真3 天草上島のケスタ地形 （2014年3月撮影）

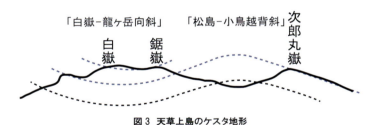

図3 天草上島のケスタ地形
白嶽と鋸嶽の間が向斜、鋸嶽と次郎丸嶽との間に背斜がある

なっていて急斜面である。また白嶽と鋸嶽の間には向斜軸（向斜：地層が下に曲がった部分）が通る（写真3、図3）。この向斜軸はそのまま南南西方向にのび、鹿見岳を経て龍ヶ岳に達している。

　白嶽の山頂付近は古第三紀の白岳層からなる。白岳層の分布域には、高舞登山にはじまり、龍ヶ岳にいたる観海アルプスと名付けられたトレッキングコースがあり、あちこちに砂岩の巨石や奇岩を見ることができる。天草で石材として利用されている砂岩には、上島北部に広く分布する白岳層のものがあり、合津石（松島石）と呼ばれている。この砂岩は粒子が粗く、粗粒〜細礫、

時に小礫も含まれる。上天草市教良木にある金性寺の石橋や石垣にはこの合津石が使われている。

石の文化

天草では、白亜系・古第三系の堆積岩類に貫入したマグマ活動の痕跡が所々に見られる。下島の富岡半島はそれが最も顕著である。上島でも倉岳を中心に古第三紀教良木層中に厚いシート状の貫入岩がみられる。その延長部にあたる栖本町小ヶ倉では貫入岩のほぼ垂直の節理面に梵字が彫られ、それが小ヶ倉観音として地元で大切に祀られている（Stop 3）。ここでは壁面に阿弥陀如来を意味するキリーク、勢至菩薩を示すサク、観音菩薩を示すサの三尊がならび、その下に不動明王を意味するカーンという梵字が蓮台模様の上に彫られ、ご本尊となっている。この地域は教良木層の泥岩からなるが、もし、貫入岩がなければ侵食されやすい泥岩のみで、このような彫り物はなされなかっただろう。

天草諸島で1番高い山である倉岳と、そのすぐ南の矢筈嶽の谷に、棚底扇状地が広がっている（図4）。この扇状地には棚田がつくられ、扇端には集落

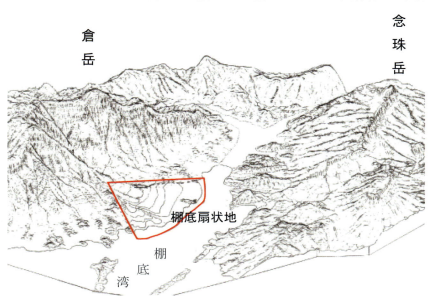

図4 棚底扇状地周辺の地形模式ダイアグラム

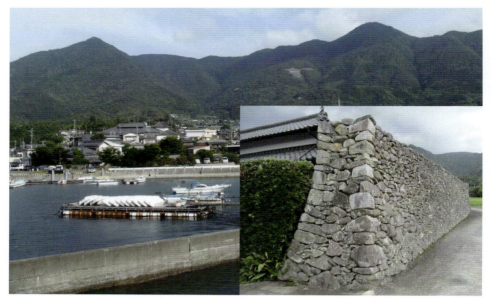

写真4　倉岳（右）と矢筈岳（左）起源の土石流堆積物の礫を使った防風石垣（2009年4月撮影）

が立地する。この集落に棚底防風石垣群がある。家のまわりをぐるりと石を積み上げた石垣である（Stop 4、写真4）。地元の人の話では、冬、倉岳から吹き下ろす北風は強く冷たいので、倉岳側（北側）を一階の屋根とほぼ同じ高さまで高くし、風を防いでいる。石垣の南側は低く、また、家への入り口が開いている。この石垣の石は掘り出した自然のままで加工はほとんど施されていない。使われている石は、倉岳を構成している貫入岩である。扇状地の地形は土石流により発達してきた。扇状地の地層には大きな石が多数含まれる。その扇状地を開墾したときに掘り出されたたくさんの邪魔な石を使って石垣をつくり、北風を遮り、家を守っていたのである。棚底防風石垣群は、耕地には邪魔になる石を石垣にうまく使ってきた、先人の知恵のすばらしさを教えてくれる。

　上島南端の天草市下浦（しもうら）地区では下浦石が採石される。天草地域にある多くの石橋がこの下浦石でつくられている。この地域の石工の元祖は松室（まつむろ）五郎左衛門（ごろうざえもん）である。肥前の国出身で、下浦にきた後に多くの石工を育てた。

写真5　下浦石を使った多脚式アーチ型の祇園橋（2008年9月撮影）

輩出した石工は天草にとどまらず、九州一円で活躍した。長崎のオランダ坂やグラバー邸園の建設にも下浦石が使われている。

　祇園橋は下浦石を使ってつくられた多脚式アーチ型といわれるもので、長さ28.6 m、幅3.3 mで、5脚9列の石柱からなり、天保3（1832）年につくられた。このタイプの石橋としては、日本最大級である（Stop 5、写真5）。ここの川底はしっかりとした岩盤のため、このような石橋が建設できる。ここの地層は古第三紀の坂瀬川層の硬い泥岩である。石橋をつくる下浦石はこの坂瀬川層より下位の砥石層の中〜細粒の砂岩である。坂瀬川層を土台にしてそれより古い時代の砥石層の石柱が乗っていることになる。

　祇園橋完成より約200年前の寛永14（1637）年には、島原・天草一揆で、天草四郎が率いる一揆勢と富岡城の唐津軍とがここで激突した。戦死者により川の流れが血に染まり、屍は山を築いたと伝えられている。

暴れる川の流れを変える

　天草市楠浦地区では、「釜の迫堀切」と呼ばれている、明治〜大正にかけて行われた水害対策の1つを見ることができる（Stop 6、写真6）。天草には大きな河川はなく、平地が非常に少なかったため各地で干拓が行われてきた。今ある平地のほとんどは、干拓によってつくられたものである。例えば、天草にキリスト教を広めたアルメイダ神父が着船した、天草河浦の一町田の海岸は、今では平地の中ほどにある。

　楠浦には前潟新田と呼ばれる新田がある。この前潟新田のそばを流れる方原川は、大雨になるとしばしば水害を起こしていた。江戸時代の終わり頃、当時の庄屋の宗像堅固は、水害を防ぐため方原川の流れを変えようと万延元（1860）年〜元治元（1864）年に、方原川の右岸にある丘（高さ20 m、長さ100 m）に堀切をつくった。北東方向に流れてきた方原川が、正面にある丘にぶつかる所から南に屈曲するようにつくられている（図5）。釜の迫堀切は、大切な干拓地を自然災害から守るために立ち向かった天草人のエネルギーを感じさせてくれる。

写真6　方原川の流れをかえた釜の迫堀切（2011年1月撮影）

図5 釜の迫堀切の位置
方原川は本来、丘の北側を廻るように流れていたが、堀切をつくって南の海に直接流れるようにした。国土地理院2万5千分の1地形図「小宮地」に加筆

煙を発しない天草の石炭

　砥石層は炭層を挟む地層で、天草にとって重要な資源であった。天草の石炭は炭化度が高く、瓦ヶ炭(かわらけたん)やキラ炭と呼ばれ、江戸時代から昭和50（1975）年まで採掘された。現在、当時の炭鉱の跡として牛深南の下須島(うしぶかじ)(げすしま)西海岸の海底炭鉱、烏帽子坑跡(えぼし)（Stop 7、写真7）が保存されている。そのほかの炭鉱はほとんど残っていない。

写真7 天草炭田烏帽子坑跡（2011年5月撮影）

下島西海岸妙見浦と天草陶石

　下島の西海岸は天草灘に面して急崖が発達している。特に妙見浦などには奇岩が多い（Stop 8、写真 8）。そこでは、天草の主要な地下資源である陶石が産出する。現在、日本で使われている陶磁器の原料の約 80 ％は天草陶石である。ここから有田などの主要な生産地に供給されている。陶石は下島の主に西海岸沿いの幅数 100 m、長さ数 km～十数 km の陶石脈として分布する。これは古第三紀の地層に、貫入してきた流紋岩質の貫入岩が熱水作用を受け陶石化したものと考えられている。天草陶石の主要脈の分布は下島の海岸沿いにある。そこに窯がつくられ、この地の陶磁器の歴史がはじまっている。

　上島でも同様に貫入岩が熱水作用を受けているが、こちらでは鉄分が多く含まれているため、木目状の模様ができる。この石は、天草石（木目石）と呼ばれて、砥石や建物の化粧板として利用されている。

写真 8　天草下島西海岸妙見浦（2010 年 10 月撮影）

天草ジオパークで感じて欲しいこと

　天草ジオパークでは、生物の進化の重要な時期であった中生代～新生代にかけての地層と化石が分布し、それを手にとって見ることができる。また、地下のマグマの活動がもたらした恵みの豊かさも知ることができる。さらに、地質や地形を活用した人びとの生活や、地域の信仰なども感じることができる。ご来島の皆さんには、天草の人々と地球の営みとの関わりを感じていただきたい。

（長谷義隆・鵜飼宏明・廣瀬浩司）

【問い合わせ先・関連施設】
- 天草市立御所浦白亜紀資料館
  熊本県天草市御所浦町御所浦 4310-5　☎ 0969-67-2325
  恐竜をはじめ天草地域産出の豊富な化石を展示し、化石採集などの教育活動をはじめ、天草全域の地質について研究活動も行っています。

【注意事項】
- 天草は宇土半島から天草五橋でつながっていますが、その中の御所浦町は熊本県で唯一の離島の町ですので、船で渡ります。定期船や海上タクシーをご利用下さい。
- 天草には化石の産地が多くあります。特に御所浦町では軟体動物化石が沢山見つかりますが、露頭から直接化石を採集することはできません。化石採集場での化石採集が可能です。
- Stop 8 以外はバスで近寄ることができませんので、ご注意下さい。
- ジオパークガイドを依頼する際は、天草ジオパーク推進室にお申し出下さい。

【地形図】
2.5 万分の 1 地形図　「三角（みすみ）」「天草松島（あまくさまつしま）」「大島子（おおしまご）」「本渡（ほんど）」「指江（さすえ）」

【位置情報】
Stop 1 : 32°36'53"N,　130°25'34"E　　　吹割岩
Stop 2 : 32°31'21"N,　130°26'32"E　　　高舞登山
Stop 3 : 32°25'58"N,　130°18'42"E　　　小ヶ倉観音
Stop 4 : 32°24'40"N,　130°20'33"E　　　棚底
Stop 5 : 32°27'23"N,　130°11'17"E　　　本渡
Step 6 : 32°24'54"N,　130°12'15"E　　　楠浦
Stop 7 : 32°09'51"N,　130°00'54"E　　　牛深、下須島
Stop 8 : 32°23'44"N,　129°59'47"E　　　下島西海岸妙見浦

④ 霧島ジオパーク

自然の多様性とそれを育む火山活動

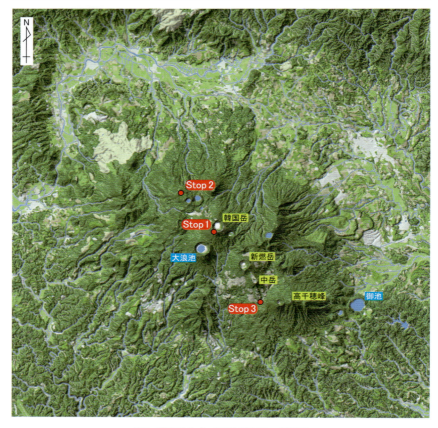

図1 霧島ジオパークの地形とStop位置図
北海道地図株式会社「地形陰影図」に加筆

ジオツアーコース

Stop 1：西日本火山帯の**火山フロント**　　　韓国岳山頂
Stop 2：火山の博物館　　　　　　　　　　　えびの高原池めぐり
Stop 3：2011年新燃岳噴火　　　　　　　　　中岳中腹探勝路

ジオヒストリー	先カンブリア	古生代	中生代		新生代	
（年前） 46億	5億	2.5億		6600万		500万

写真1 南東側上空より見た霧島山 (2011年10月撮影)

霧島ジオパーク（図1）は、この霧島山（写真1）を中心に、霧島山の周囲をめぐるJR肥薩線、吉都線、日豊線に囲まれたエリアを主とする。このエリアは、宮崎・鹿児島両県の5市2町におよび、行政区界とは関係なしに範囲が設定されている。加えて、その周辺にあって霧島山および加久藤カルデラの火山活動と関連の深い地形・地質が観察できる複数のジオサイトもサテライトサイトとして登録されている。霧島ジオパークは2010年9月14日に日本ジオパークネットワーク加盟が認められたが、約4カ月後の2011年1月26日、そのほぼ中央に位置する新燃岳で数百年に一度という、大きな噴火が発生した。

火山の博物館としての霧島

霧島山は、宮崎県と鹿児島県の県境、小林カルデラと加久藤カルデラの南縁に生じた第四紀の複成火山である（図2、井村・小林2001）。日本有数の温泉地として、また、日本最初の国立公園の1つとして、古くから多くの人を集めてきた。霧島山という名前を持った単独のピークは存在せず、最高峰韓国岳（標高1700 m）をはじめ、天孫降臨の神話の山として知られる高千穂峰など、20を超える小規模な火山の集合体を霧島山、あるいは霧島火山と総称している。そのため、霧島連山、霧島連峰などと呼ばれることも多い。北西—南東方向に長い30 km × 20 kmのほぼ楕円形をした地域に火山体や火口が集中して見られる様子は、世界でもほかにあまり例がなく、1967年に公開された映画「007は二度死ぬ」では物語の舞台となり、日本を代表する景勝地として海外からの注目を集めた。

加久藤カルデラの噴火（34万年前） ／ 最終氷期最寒冷期（2万年前） ／ 新燃岳の噴火（2011年）

新生代　10万　1万　現在

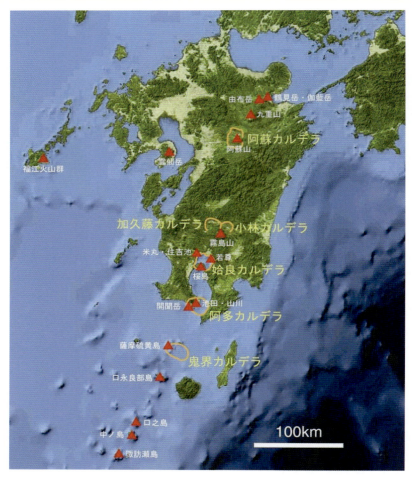

図2 九州の活火山とカルデラ 基図は NASA World Wind を用いて作成

　霧島山は北の九重、阿蘇山から南の桜島、開聞岳、トカラ列島へと続く西日本火山帯の火山フロント上に位置する（図2）。霧島山の山頂部（Stop 1）から南を眺めると、姶良カルデラ、桜島、開聞岳、薩摩硫黄島が一望でき、いわゆる霧島火山帯を実感することができる。

　霧島山の北側には53万年前と34万年前に形成された小林カルデラと加久藤カルデラがある。霧島火山の活動は、加久藤カルデラの形成を境に古期と

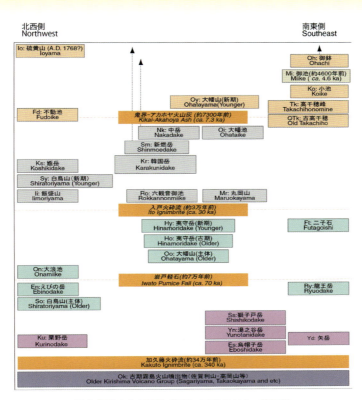

図 3 霧島火山の層序 (井村・石川 2014 を一部改変)

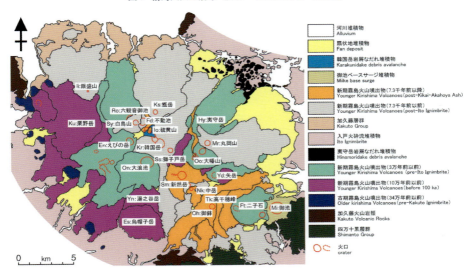

図 4 霧島火山の地質図 (井村・石川 2014 を一部改変)

新期にわけられ、現在地表で見られる火山のほとんどは新期の活動によってつくられたものである（図3）。霧島山では、数十万年前に活動した火山から現在活動中の火山まで、いろいろな時期に活動した火山が見られるだけでなく、成層火山、火砕丘、溶岩流、山体崩壊やその流れ山など、さまざまなタイプの火山体や火山地形を観察することができる。また、溶岩、降下火砕物や火砕流など多種多様な噴出物も見られ、まさに「火山の博物館」と呼ぶにふさわしい場所となっている（Stop 2、図4）。

霧島の自然の多様性

　霧島山の火山活動と氷期・間氷期サイクルなどの地球規模の環境変動は、きわめて豊かな自然環境をここにつくった。南九州の平地部は第四紀後期の氷期・間氷期サイクルにおいて、温帯・亜熱帯環境の境界部になるという特殊な位置にあった。そのため氷期には南下してきた温帯系の生物が、間氷期には北上してきた亜熱帯系の生物がそれぞれ分布を広げあう場所となった。霧島山の標高1000 mを超えるまとまった山塊は、最終氷期最寒冷期（LGM）以降の温暖化に対して、氷期に南下してきた温帯系の植物・動物たちの避難所となった。これによって、霧島山には屋久島に匹敵するような暖温帯から

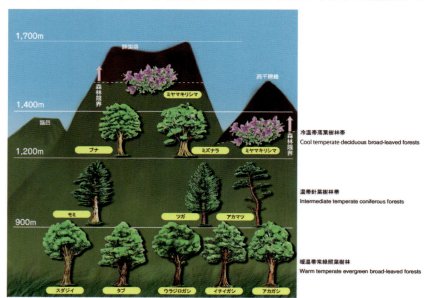

図5　霧島山で見られる植生の垂直分布（井村・石川 2014を一部改変）

冷温帯植生の垂直分布が成立することとなった（図5）。カツラ、ヒノキ、ウラジロノキなど100種以上の種が霧島山を南限とするのはそのためである。

一方、霧島山を構成する火山の中にはLGM以降に形成されたものやLGM以降に規模の大きな活動を行ったものがあり、標高が高くても冷温帯植生が明瞭でない山（高千穂峰）もある。また活動中あるいは最近まで活動していた御鉢や新燃岳では、火山性土壌に強いミヤマキリシマやススキが見られるなど、植生遷移の途上にあるものもある。

天然記念物のノカイドウを中心に1300種もの植物が生育する、霧島山の自然の多様性は、地球規模の環境変動、霧島山の地理的位置と火山活動が相互に関係しあってつくられたものである。霧島山で見られる自然景観を詳しく観察することによって、地球規模の環境変動や火山噴火史を理解することができる。

信仰や登山対象としての霧島

霧島山は天孫降臨の神話伝説の場であり、神話にまつわる祭神をもつ神社が周辺に数多く存在する。10世紀に修験道の信仰を確立した性空上人が開いたと伝えられる霧島六社権現は、霧島山の噴火によって遷座を繰り返しており、噴火災害と信仰や人々の暮らしを考える上で興味深い。

霧島山の秀麗な姿は、古くから多くの人たちを魅了してきたらしく、「長門本平家物語」の中の記事（図6）や新井白石の「霧島嶽記」、橘南谿の「西遊記」など、数多くの文書に登場する。慶応2（1866）年、京都伏見の寺田屋騒動で傷を負った坂本龍馬が、その傷の治療と妻おりょうとの新婚旅行を兼ねて訪れたのも霧島山である。龍馬がこ

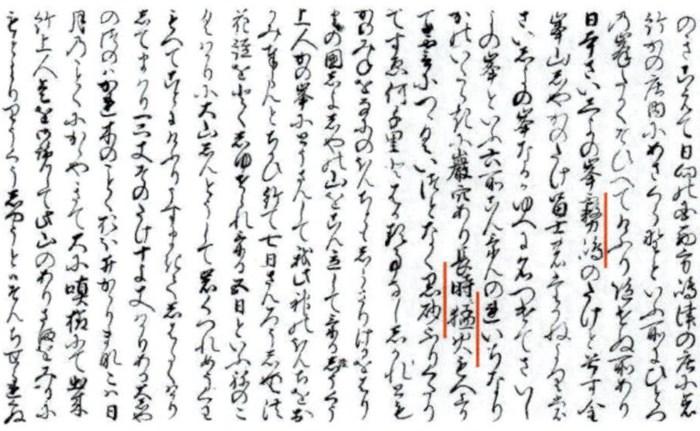

図6　伊藤家蔵『長門本平家物語』の中の霧島山
傍線部に霧島、猛火や黒砂の文字が見える

のときの様子を描いて、姉の乙女に送った書簡（図7）は、国の重要文化財に指定されている。龍馬とおりょうの登山の後、明治・大正期には御鉢が頻繁に噴火した。したがって、現在私たちが見ている景色は、龍馬とおりょうが見たそれとはやや違っている。生きている霧島山であればこその話題といえよう。

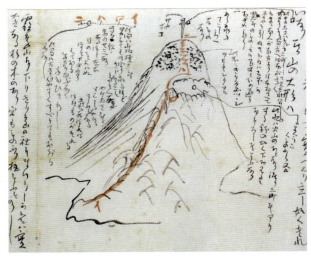

図7　坂本龍馬が姉の乙女に送った手紙の一部（京都国立博物館蔵）

生きている山の証

　2011年1月26日朝、新燃岳が噴火した。午前中〜15時頃にかけては、連続して火山灰を噴出する灰噴火の状態が続いていたが、16時頃からは連続的な空振を伴う軽石噴火（準プリニー式噴火）に発展した（写真2）。18時すぎには噴火はいったん落ち着いたが、翌27日2時頃〜明け方と27日夕方には再び軽石噴火が発生した。26、27日の両日に風下側にあった都城市、日南市などでは多量の軽石や火山灰が降り（図8）、火口から7〜8 kmの所では、火山礫によって車のガラスが割れるなどの被害が生じた。1月28日の午前中には火口内に直径数10 mの溶岩ドームが見つかり、1月31日朝には、火口内いっぱいに溶岩が広がっているのが観察された（写真3）。2月1日の爆発では、火口から3.2 km離れた所に火山弾が落ち、山林火災を生じた。また、空振によって、鹿児島県霧島市方面で窓ガラスが割れ、ケガ人も出た。2月1日以降、8日頃までは数時間〜数日間隔でブルカノ式噴火を繰り返すとともに連続して噴煙を上げていたが、徐々に噴煙は断続的となり爆発の頻度も低下していった。2月14日と4月18日にはやや大きな噴火が起こり、風下側の宮崎県小林市や高原町方面の広い範囲に火山礫を降らせて、車の

写真2 2011年1月26日16時22分頃の噴火（新燃岳の南約7.5 kmから撮影）

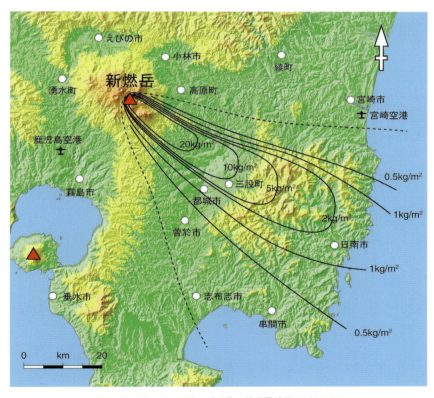

図8 2011年1月26-27日噴出物の等重量線図（井村作成）

写真3 新燃岳火口（2011年1月31日12時07分頃撮影）

ガラスや太陽熱温水器のガラスが割れるなどの被害を生じたが（井村2011）、それ以降、大きな被害を出すような噴火は発生していない（2016年4月18日現在）。

　現在、新燃岳の噴火活動は小康状態にあり、国土地理院によるGPS観測の結果では地下深部へのマグマ供給は止まっているように見える。しかし、2011年の噴火後に蓄積されたマグマは噴火前とほぼ同じ量になっているので、1月26、27日に起こったような準プリニー式噴火や、さらに規模の大きい噴火が発生することも予想される。約300年前に起こった享保噴火では数カ月の間をおいて軽石噴火を1年以上にわたって繰り返しているので（井村・小林1991）、表面上は静かに見えても油断はできないだろう。今後も注意深く見守っていく必要がある。

霧島ジオパークで伝えたいこと

　2011年の新燃岳の噴火は地域の人々に大きな被害を与えた一方で、霧島ジオパークを新しい姿へと変えた。ぜひ新鮮なマグマのかけらを手に取って、

ダイナミックな地球活動を想像していただきたい（Stop 3）。また、噴火から再生し移り変わっていく植生を肌で感じるのも噴火から間もない今だからこそできる霧島の楽しみ方といえるだろう。

　霧島山の麓には火山信仰に関わる神社や祭事が現在も残っており、豊かな湧水や温泉などは火山とは切っても切り離せない大地の恵みである。それらを満喫しながら、火山と人との関わりを考えていただきたい。

（井村隆介・石川　徹）

【参考文献】
- 井村隆介（2011）霧島山新燃岳噴火をよむ．科学（岩波書店）81，348-351．
- 井村隆介・石川　徹（2014）霧島ジオパークと2011年霧島山新燃岳噴火．地質学雑誌 120，S155-S164．
- 井村隆介・小林哲夫（1991）霧島火山群新燃岳の最近300年間の噴火活動．火山 36，135-148．
- 井村隆介・小林哲夫（2001）『1/50000 霧島火山地質図』地質調査所

【問い合わせ先】
- 霧島ジオパーク推進連絡協議会事務局（霧島市役所霧島ジオパーク推進課内）
鹿児島県霧島市国分中央三丁目45-1　☎ 0995-64-0936
E-mail: kiri-geopark@po.mct.ne.jp
http://www.mct.ne.jp/users/kiri-geopark

【関連施設】
- えびのエコミュージアムセンター
宮崎県えびの市末永1495-5　☎ 0984-33-3002

【注意事項】
- 霧島は活火山です。お越しの際は、火山活動の状況に十分注意してください。また、立入規制がかかっている範囲および登山道には立ち入らないでください。

【地形図】
2.5万分の1地形図「霧島温泉」「高千穂峰」「韓国岳」「日向小林」「えびの」

【位置情報】
Stop 1：31°56'03"N，130°51'42"E　　韓国岳山頂
Stop 2：31°57'24"N，130°50'17"E　　白鳥山山頂
Stop 3：31°53'30"N，130°53'33"E　　中岳中腹探勝路展望所

霧島ジオパークと防災

　霧島地域では、ジオパーク活動を推進していく中で、2009年3月に「霧島火山防災マップ」（図1）を作成し、地域住民へ配布するとともに自治体ごとに住民への説明会を行った。防災マップを作成して単に全戸に配布するのではなく、説明会を開いて、活火山としての霧島を紹介しながら、ハザードマップに示されている各種情報の意味が解説された。2011年新燃岳噴火で、宮崎県高原町の火山に近い地域の人たちの避難が速やかに行われたのは、これらの成果によるものと考えられる（井村 2015）。これ以外にも、活火山霧島を知るレクチャーやジオツーリズムも多く企画、実施されてきた。これらを通じて周辺市町村職員や地域の人たちが、霧島山について学ぶだけでなく、互いに顔の見える関係を築いていたことも重要であった。

図1　霧島火山防災マップ　環霧島会議 2009年3月発行

　一方、学校教育の現場でも、2010年3月に「霧島周辺の子供たちに霧島火山の生い立ちを学んでもらい、その防災意識を高めてもらうこと」と「ジオパーク加盟後に教育プログラムで活用できる資料を作ること」を目標にして、霧島山学習資料「ふるさとの山　霧島山」が作成された（写真1）。この冊子が活かされるように教職員向けのフォローアップ研修が毎年8月の夏休み期間中に行われている。この冊子は周辺自治体の

写真1　霧島山学習資料「霧島山」　環霧島会議 2010年3月発行

小中学校におよそ1学年の人数分ずつ配布されていた。これらの活動は、子どもたちやその保護者に対して火山噴火に関する正しい知識の普及に役立っている。

霧島地域では、2009年と2010年に座学や現地研修を行い、約70名のジオガイドを養成していた。こ

写真2　屋根の灰おろしを手伝うジオガイドの方々（2011年2月撮影）

れらの方々も2011年新燃岳噴火では、正確な情報の提供、防災啓発活動（一般市民へのアドバイス）、ボランティア活動（写真2）などで大変な活躍を見せ、マスコミなどでも大きく取り上げられた。

霧島山新燃岳2011年噴火は、霧島ジオパークに新たな見所を付け加えると同時に、ジオパークが防災面でもきわめて重要な役割を持っていることを世界ではじめて示したといえる。しかし一方で、日本ジオパークネットワーク加盟から半年足らずで噴火を経験したために、情報共有や情報発信のあり方については、自治体間の壁や絶対的な人手不足などのため、スムーズに行かなかった点も多々あった。

霧島山は活火山である。新燃岳に限らず、霧島地域ではどこで噴火が起こってもおかしくはない。実際に2014年と2016年には、えびの高原周辺で地震活動が活発化し、火口周辺警報が出されて、硫黄山（いおうやま）を中心とした一部の地域への立ち入りが規制された。しかしながら、ジオパーク活動や各自治体の連携が上手く機能せず、その対応に混乱が見られた。今後、これらの課題を検証し、解決していく必要がある。

（井村隆介・石川　徹）

【参考文献】
・井村隆介（2015）噴火時の火山研究者の役割〜2011年霧島山新燃岳噴火を例に〜．月刊地球 37, 231-237.

❺ おおいた姫島ジオパーク

火山が生み出した神秘の島

図1 おおいた姫島ジオパークの地形とStop位置図
北海道地図株式会社ジオアート『おおいた姫島ジオパーク』をもとに作成

ジオツアーコース	
Stop 1：**瀬戸内海の歴史を刻む地層**とマグマの上昇を伴う地層の変形	丸石鼻
Stop 2：地震に伴う地層の変形	大海の**コンボリュートラミナ**
Stop 3：**火山の活動と火山地形の形成**	金溶岩
Stop 4：人による**黒曜石**の利用	観音崎
Stop 5：砂州を利用した産業の発達と現在の姫島	姫島**車えび**養殖場
Stop 6：離島で育まれた生態系	**アサギマダラ**休息地（秋）

瀬戸内海が生まれる前の地層
（200万年前）

ジオヒストリー（年前）	先カンブリア	古生代	中生代	新生代
46億	5億	2.5億	6600万	500万

　おおいた姫島ジオパークは、国東半島北部より約5km沖の姫島とその周辺海域の範囲である。1950年に大部分が瀬戸内海国立公園に指定されている。姫島には、美しい景観のほか、古くから伝わる七不思議伝説、独特の生活文化、貴重な生態系が残っている。姫島は過去の火山活動によりつくられた4つの小島が砂州でつながり、現在のような1つの島となった。姫島に暮らす人々は、その砂州沿岸の遠浅の地形を利用して塩田を拓き、塩田廃止後は、その跡地を車えび養殖池として活用している。

瀬戸内海の歴史を刻む地層とマグマの上昇に伴う地層の変形

　丸石鼻周辺の海食崖には、姫島で最も古い200万年前の地層が露出している（Stop 1、写真1）。干潮時には海岸沿いを歩いて地層を観察することができる。この付近ではアケボノゾウのものと考えられている足跡化石や、大き

姫島の7つの火山活動　人による黒曜石の利用
（30万〜数万年前）　（1万年前）

新生代

10万　　　1万　　　　　　　　　　現在

写真1 丸石鼻周辺に露出する地層 （2012年7月撮影）
大規模なドーム状の褶曲構造や小断層が数多く発達している

な木の化石などが見られ、この地層から、当時は陸上だったことがわかる。これらの地層は、大きく傾斜しており、小断層がたくさん見られる。このような地層の変動は、姫島の火山活動のもととなった粘性の高いマグマの上昇に伴って生じたものである。もともと水平であった地層が、ドーム状に隆起したくさんの断層や変形構造が発達した（伊藤1989）。200万年前以降の新しい地層で、これほどの変形構造が観察できる場所は日本でも少ない。これらの変形構造には、力の加わった方向や時期などの情報が記録されており、地下のマグマの挙動を知る手掛かりとなる。

地震に伴う地層の変形

大海（おおみ）では、屋根瓦の連なったような模様の地層（コンボリュートラミナ）が見られる。1959年に大分県の天然記念物に指定された（Stop 2、写真2）。この屋根瓦のような模様は、もともとまっすぐであった地層が地震などの揺れを受けて変形したもので、地層が水平であることや、固結しておらず水分を多く含んでいることなどの条件が必要なことから、地層が堆積して間もな

写真 2　約 60 万年前に堆積した地層（2013 年 1 月撮影）
崖の中央付近に見られる波打った模様がコンボリュートラミナ

い頃に形成されたことがわかる。このコンボリュートラミナは、東方のブルーライン沿いの海食崖に 100 m 以上にわたって連続して見られる。コンボリュートラミナ部分は、60 万年前に堆積した火山灰層である（石塚ほか 2005）。

7 つの火山の活動と火山地形の形成

　姫島火山群は、30 万年前以降のそれぞれ異なる時期に活動した 7 つの単成火山からなり、現在の位置に 4 つの小島を生み出した（図1）。金溶岩は、7 つの火山の 1 つである金火山の活動で生じたデイサイトと呼ばれる岩石である（Stop 3、写真 3）。金火山は姫島の火山の中でも比較的新しいと考えられており、色合いなどが少しずつ異なる複数の溶岩ドームや貫入岩からなる。金溶岩はグレーの色調で、黒い短冊状の角閃石の斑晶が含まれているのがわかる。姫島の火山をつくるマグマは粘り気の強いマグマが多く、流理構造とよばれる縞模様が発達するのが特徴で、ここでもはっきりした縞模様が見られる。金溶岩の脇には、姫島に古くから伝わる七不思議伝説の 1 つである「拍子水」と呼ばれる炭酸水素塩冷鉱泉が湧き出しており、拍子水を利用した温

写真3 はっきりした縞模様が特徴的な金溶岩（2014年10月撮影）

泉施設で入浴することができる。地元の人たちもよく利用する温泉で、慢性皮膚病などに効果がある。浴場から見られる眺望では、昔は離れ小島であった稲積火山が砂州で連結したトンボロもよくわかる。

人による黒曜石の利用

　観音崎は姫島の北西部にあり、姫島にきたら必ず訪れてほしい場所である（Stop 4）。登山道を登ると、眼下には直径70 mほどの青緑色の海を湛えた丸い湾が広がる。この湾が観音崎火口跡で、熱い溶岩に触れた水が爆発的に気化した際に形成された地形であると考えられている。火口跡の縁に沿って北へ下ると、姫島七不思議の1つでもある千人堂にたどり着く。ここでは海岸沿いに黒曜石が断崖となって露出しており、その美しい景観は姫島1番の見どころとなっている（写真4）。ガラス質で割れた面が貝殻状になることが黒曜石の特徴で、キラキラと日光を反射する様子が大変美しい岩石である。観音崎の黒曜石は、縄文時代を中心に瀬戸内海や九州各地で石器として使われ

写真4 観音崎 (2013年11月撮影)
国指定天然記念物「姫島の黒曜石産地」

ており、「姫島の黒曜石産地」として国の天然記念物に指定されている。当時は丸木舟で海を越えて黒曜石を運んだと考えられており、国東半島沿岸部などで姫島産の黒曜石を加工して石器を製作していた遺跡が見つかっているほか、縄文時代晩期には、姫島の用作遺跡でも石器づくりが行われていた。用作遺跡の出土品は島内の展示施設で見ることができる。観音崎の黒曜石は色が薄いことや小さいピンク色のガーネットが含まれることなど、全国的にも珍しい特徴を有しており、観音崎では間近で観察することができる。露頭を傷つけないように、また、黒曜石の鋭い切り口で怪我をしないように注意して観察したい。また、島を1周するジオクルーズでは黒曜石の断崖を海側から見ることができ、陸からは見えない場所に海食洞があることもわかる。火口跡の対岸に見られる斗尺岩には、猛禽類のミサゴが毎年春に営巣する。ミサゴの主食は魚で、トビほどの大きさがあり、頭やお腹が白いことが特徴である。

砂州を利用した産業の発達と現在の姫島

　姫島の中央部には、車えび養殖池が広がっている（Stop 5、写真 5）。姫島車えびは、しゃぶしゃぶ、刺身、塩焼き、エビフライなど、いろいろなメニューを楽しめる。現在では、日本でも有数のブランドとなっているが、こうしたブランドに成長するまでには長い道のりがあった。前述のように、姫島はもともとは4つの小島でできていたが、長い年月の間にそれらの小島が砂州でつながり、現在のような1つの姫島ができあがった。島中央部の砂州は特に広く、遠浅で干潮時には広範囲に干潟が広がる地形ができた。

　姫島の産業はその砂州地形を活かした塩田の開発からはじまった。江戸時代以降、製塩業は島の産業の中心として発展した。島内には各所に製塩業の遺構が残っている。養殖池付近に見られる煙突は、かん水を煮詰めて塩をつくっていた設備の遺構である。1959年に塩田が廃止されると、大規模な塩田跡地を活用し、1960年代には車えび養殖業をはじめた。開始当初は、何度も失敗を経験したが、試行錯誤を重ね、現在では車えび養殖が島の基幹産業の1つとなっている。

写真5　姫島中央部の車えび養殖池（1992年8月撮影）

離島で育まれた生態系

　姫島には、大型の野生動物はほとんど生息しない。島外との動植物の交流が少ないことや、古くから人々の手により守られてきた植生がある。姫島の周辺には、浅瀬が広範囲に広がる砂州地形や、侵食されてできた海食崖や海食洞など様々な海岸地形があり、それぞれの地形に応じて多様な動植物が生育している。毎年春には、島の南部に位置する海食崖の鷹ノ巣で絶滅危惧種である猛禽類のハヤブサが営巣するほか、観音崎ではミサゴが営巣する。また、瀬戸内海に生息する小型のイルカであるスナメリは、春から夏にかけて姫島の周辺でよく見られる。

　みつけ海岸は、渡りをする蝶であるアサギマダラの春の休息地である。毎年5月上旬〜6月上旬にかけて、南方から飛来したアサギマダラがみつけ海岸のスナビキソウに集まり休息する。スナビキソウは、アサギマダラの好むピロリジジンアルカロイドと呼ばれる物質を含む海岸植物である。この種は、北方系の種であり、九州南部以南にはほとんど分布しないことから、姫島のスナビキソウは、北上途中のアサギマダラにとって重要な場所となっている。ピーク時の1000頭を超えるアサギマダラが優雅に乱舞する様子は息をのむ美しさである（写真6）。晴れた日の気温24℃前後で、風がない時間帯に特

写真6　5月下旬、姫島北部のみつけ海岸でスナビキソウに集まり乱舞するアサギマダラ
（2006年5月撮影）

に多く見られる。アサギマダラの生態や移動経路についてはまだ解明されていない謎が多く、翅(はね)にマーキングを行うことによる追跡調査が行われている。みつけ海岸から飛び立ったアサギマダラは夏を涼しい東北の地で過ごすために日本列島を北上し、過去には北海道まで移動した記録もある。秋になると、世代交代したアサギマダラが南下をはじめる。姫島では毎年10月中旬～11月上旬にかけて、北方から飛来したアサギマダラがフジバカマの花に集まり休息する（Stop 6）。フジバカマは秋の七草の1つでもあり、この季節にちょうどピンク色の花を咲かせる。姫島では「アサギマダラを守る会」がアサギマダラの飛来時期に合わせてこの花を植えて整備しており、南下中のアサギマダラが羽を休める場となっている。この時期のアサギマダラには東日本でマーキングされた個体や翅がボロボロになった個体もよく見られ、長旅をしてきたことがうかがえる。

おおいた姫島ジオパークで伝えたいこと

おおいた姫島ジオパークには、様々なジオ遺産があるが、実はまだまだ学術的に解明されていない謎が多く存在する。たくさんの人に、そんな未解明の謎に触れてもらい、いくつも不思議を見つけてほしい。また、姫島は平地の占める割合が大きい離島で、狭い範囲に古くからたくさんの人が住み、暮らしてきたことから、様々な歴史上の記録や、多くの伝承、言い伝えなどがある。足元には、人の暮らしを支えてきた多様な海岸地形や火山活動の痕跡があり、島の各所でそれぞれの時代に、大地の恵みをうまく利用してきた人々の生活がうかがわれる。離島だからこそ消えずに残っている人の暮らしや文化は、昔からの生活の知恵や、人が自然の中で生きていることを、改めて気づかせてくれる。

（堀内　悠・竹村惠二・恒賀健太郎）

【参考文献】
・石塚吉浩・水野清秀・松浦浩久・星住英夫（2005）豊後杵築地域の地質．地域地質研究報告（5万分の1地質図幅）．産業技術総合研究所地質調査総合センター
・伊藤順一（1989）姫島火山群の地質と火山活動．火山34, 1-17.

【問い合わせ先】
・おおいた姫島ジオパーク推進協議会（姫島村役場 企画振興課内）
　大分県東国東郡姫島村 1630-1　☎ 0978-87-2282
　http://www.himeshima.jp/geopark/

【関連施設】
・離島センター「やはず」
　大分県東国東郡姫島村 1569-1　☎ 0978-87-2540（姫島村教育委員会）
・姫島村健康管理センター「拍子水温泉」
　大分県東国東郡姫島村 5118-2　☎ 0978-87-2840

【注意事項】
・天然記念物などの貴重な文化財を傷つけないようご注意ください。
・姫島村は大部分が瀬戸内海国立公園の範囲内です。貴重な地域資源として大切にしていますので、岩石や植物の持ち帰りや採取、破壊はご遠慮ください。
・離島の生態系に影響を及ぼす島外からの動植物の持ち込みや、島内の動植物の持ち出しはご遠慮ください。
・ジオサイト周辺でのアサギマダラのマーキングはご遠慮ください。
・海岸沿いを歩く時は、潮が満ちて戻れなくなってしまう危険がありますので、必ず潮汐表をチェックして計画を立てて行動してください。
・姫島車えび養殖株式会社敷地内への無断立ち入りはご遠慮ください。

【地形図】
2.5 万分の 1 地形図「姫島（ひめしま）」

【位置情報】
Stop 1：33°44'22"N，131°40'11"E　　丸石鼻
Stop 2：33°43'25"N，131°40'27"E　　大海のコンボリュートラミナ
Stop 3：33°44'08"N，131°41'00"E　　金溶岩
Stop 4：33°43'58"N，131°38'34"E　　観音崎
Stop 5：33°43'46"N，131°39'35"E　　姫島車えび養殖場
Stop 6：33°44'12"N，131°39'43"E　　アサギマダラ休息地（秋）

おおいた姫島

❻ おおいた豊後大野ジオパーク

九州島成立と巨大噴火を物語る地質と共に在り続けた人々

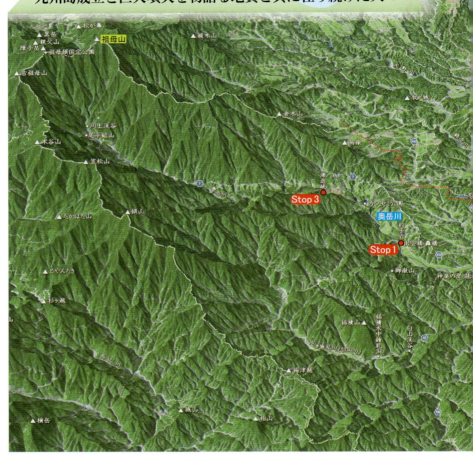

図1 おおいた豊後大野ジオパークの地形とStop位置図
北海道地図株式会社ジオアート『おおいた豊後大野ジオパーク』をもとに作成

ジオツアーコース

Stop 1：巨大な石橋　　　　　　　　出会橋・轟橋
Stop 2：谷を渡る虹　　　　　　　　虹澗橋

ジオヒストリー	先カンブリア	古生代	中生代	新生代 祖母山の噴火 (1400万年前)
（年前） 46億	5億	2.5億	6600万	500万

おおいた豊後大野

Stop 3：強溶結凝灰岩の大岸壁　　滞迫峡
Stop 4：忽然とあらわれる滝　　　原尻の滝

阿蘇山の超巨大噴火（9万年前）　　虹澗橋が完成する（1824年）

新生代

10万　　1万　　現在

おおいた豊後大野ジオパークは、大分県の南西部、大野川の中流域に位置する。農業が基幹産業の地域で、昔ながらの慣習や生活がよく残されている。ここは、九州島の成立を物語る古い地質とそれを覆う火山地質によって構成されており、それを大野川水系の流れが侵食し、山地、台地、平野が複雑に入り組んだ地形をつくった。その複雑な地質や地形は、人々の暮らしに善悪両方の影響をあたえた。

巨大な石橋

　おおいた豊後大野ジオパークのある豊後大野市には 115 基のアーチ式石橋が存在する。1 つの自治体に存在する数としては日本で最も多い。自治体という人がくくった領域に多くの石橋が存在しただけといえばそれだけのことであるが、この事実には隠れた理由がある。それは地質的、地形的要因と人との関わりであり、この地に石橋が多いことは、その関わりで生まれた必然の結果なのである。

　出会橋と轟橋は、おおいた豊後大野ジオパークを代表するジオサイトである（写真 1、2）。このジオサイトは、わずか 30 m ほどの間隔で並び立つ出会橋と轟橋が主役で、その「巨大な橋」がまたぐ奥岳川の清流と、その下刻作用によってできた深さ 30 m の谷の地形が見どころとなっている（Stop 1）。

　出会橋は大正 13（1924）年に架けられた橋長 32.3 m、幅 3.9 m、アーチ径 29.3 m の単製アーチ式石橋である。轟橋は昭和 9（1934）年に架けられた橋長 68.5 m、幅 4.65 m、アーチ径 32.1 m と 26.5 m の 2 連アーチ式石橋である。轟橋は、出会橋のわずか約 30 m ほど上流に位置しており、巨大な石橋が連続している様は、見方によっては不思議である。

　この連続する巨大アーチ橋は、なぜ造られたのだろうか？その歴史をたどってみたい。まず先んじて建設されたのは、大正 13（1924）年に造られた出会橋である。この出会橋がまたぐ奥岳川はその両岸が切り立った崖になっている。橋の建設前は木橋が架かっていたが、渡るのに難渋する川であった。大雨が降ると木橋はすぐに流され、幾日も渡れない日が続いたという。

　この橋が造られた頃、日本はちょうど、近代工業化が進んだ時期であり、九州では大正 3（1914）年〜大正 14（1925）年にかけて JR 豊肥本線が延伸されていた。出会橋の最寄りの牧口駅（現豊後清川駅）は、大正 11（1922）年

写真1　下流から見た出会橋・轟橋（2012年9月撮影）

写真2　上流から見た出会橋・轟橋（写真提供：豊後大野市、2014年5月撮影）

に開業している。この鉄道の延伸は、「地方開拓ノ緒ニ就クヲ得」、「文化ノ開発ト産業ノ隆昌トハ、期シテ待ツベキナリ」などと、郷土発展のため大きな期待が寄せられていた。ところが、集落からこの駅に向かうためには、奥岳川をはじめとする深い谷を越えなければならない。そのため、この地域一帯では鉄道が延長されるたびに、アーチ式石橋がつくられていくこととなったのである。豊後大野に現存する石橋のうち45％が大正年間につくられた。出会橋はそうしたきっかけで建設された石橋の1つなのである。

橋が語る地域の歴史

　轟橋は、出会橋より10年後の昭和9（1934）年に架橋された。この石橋は出会橋よりはるかに高く27mの橋高がある。谷の最上部を渡るため、橋長も長く一大土木工事であったことがうかがえる（写真3）。しかし、近くに立派な石橋があるのに、なぜこの橋が造られたのであろうか？実はこの橋は、森林から材木を切り出し牧口駅へ運搬するためのトロッコ列車の軌道として造られたものである（写真4）。国営事業であったため、営林署がアーチ式石橋の建設を手がけたのである。轟橋は現在、地元自治体に引き渡され、自動車が渡ることのできる市道として現役で使われている。地元には牧口駅まで大量の木材を運んでいた頃の記憶がある方がまだご存命で、「駅まで乗せてもらった」や、「橋の幅が細くて怖かった」などのエピソードを聞くことができる。

　現存するこの地域の最古段階の石橋は、豊後大野市大野町にある第一古殿橋と豊後大野市三重町にある虹澗橋である（写真5、6）。第一古殿橋が建設されたのは文化14（1817）年である。日本最古級のアーチ式石橋とされる長崎市の長崎眼鏡橋から180年ほど新しい。また、ジオサイトである虹澗橋は文政7（1824）年につくられている。名橋として名高い熊本県山都町の通潤橋や美里町の霊台橋より古く、規模的には肩を並べる。

　虹澗橋かかる柳井瀬は、江戸時代の記録により谷を渡る苦難が明確にされている。渡河地点は、年貢の運搬にも使われる主要街道であった。そのため木橋であった頃、増水で落橋すると、両岸に荷物を渡したい人で長い列ができ、中には無理をして渡ろうとする人も出て、人馬もろとも流されて命を落

写真3　建設中の轟橋 （熊本営林局「年輪」より、1933年〜34年撮影か）

写真4　軌道敷きの轟橋 （熊本営林局「年輪」より、1934年撮影か）

豊後大野おおいた

とした者もいるという（Stop 2）。近隣の豪商はその状況を憂い、彼らの資金提供によって架橋されることとなった。その時に採用された工法がアーチ式石橋であった。3年の歳月を費やし造られた石橋は当時、日本でもっとも大きな石橋であった。虹澗橋という橋名には、谷を渡る虹という意味があり、今でも往事の姿を残している。

第一古殿橋は、規模こそ小さいものの、豊後国の石工によって建設されたものであることが、部材に刻まれた銘文からわかっている。技術の伝来については明らかにはされていないが、江戸後期には、豊後国そして豊後大野の地にもアーチ式石橋建設の技術が流入していたようである。

柱状節理が見られる深い谷

この地域に多くのアーチ式石橋があるのは、深い谷の存在が一因である。それでは、その深い谷はどのようにしてできたのであろうか？この地域の基盤地質は、9万年前の阿蘇山のカルデラ噴火に由来するAso-4溶結凝灰岩である。大野川流域には、特に厚く広く分布し、この地域の地形の特徴を生みだしている（図2）。阿蘇山のこの噴火は、破局的なカルデラ噴火によるもので、そこで噴出した火砕流の体積は、80 km³以上と見積もられる、まさに人の想像を超えるものであった。

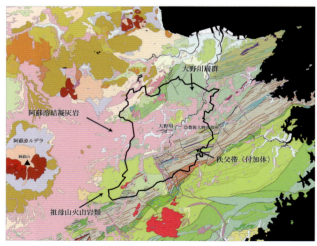

図2 大野川流域地質図（産総研シームレス地質図一部改変）

この火砕流堆積物は、非溶結部分、弱溶結部分、強溶結部分という異なる岩質の凝灰岩を生んだ。特に強溶結部分は柱状節理を生じながら冷え固まったため、特徴的な岩壁をつくり出す。豊後大野市緒方町の祖母山の山麓近くにある滞迫峡では、その強溶結凝灰岩

写真5 第一古殿橋（2013年11月撮影）

写真6 虹澗橋（2008年7月撮影）

写真7 滞迫峡（2013年7月撮影）

の大岩壁を見ることができる（Stop 3、写真7）。火砕流は祖母山系のV字谷に集まって流れ、堆積したため、ここでは平地より火砕流堆積物が厚い。その地層が、およそ70 mの崖をつくり、長大な柱状節理を見せている。

原尻の滝も、ここと同じく柱状節理が発達している溶結凝灰岩の分布する場所である（Stop 4、写真8）。高さは20 m、幅は120 mある滝で、ここの基盤が一面Aso-4の溶結凝灰岩であるために、平野に忽然とあらわれるという地形的な特徴をもっている。

写真8 原尻の滝（写真提供：大分合同新聞社、2014年7月撮影）

出会橋、轟橋の景観を今一度思い出してみよう。この2つの橋が架かる場所も高さ30mほどの渓谷で、その両岸にはAso-4溶結凝灰岩の柱状節理があることに気がつく。この節理にしたがって崖は、縦方向に長く割れていく。そのため谷は箱型の断面となる。この谷に橋をかけるのは困難であることがわかるだろう。

灰色の石

　出会橋、轟橋に使用されている石材は、「灰色の石」である。長方形に切りそろえられ橋脚からアーチ状に整然と詰まれ、目地にはモルタルが入れられている。これらの石橋に使用されている石をよく観察すると、石に黒いスジがたくさん入っていることに気づく（写真9）。これは火砕流中に含まれた軽石が溶結し凝結する際にできた、圧縮された火山ガラスで、Aso-4強溶結凝灰岩の露頭では、普通に目にすることができるものである。場所によっては、節理よりはみだした本質レンズの絞り出し現象が見られる露頭もある。この石のことを地元では灰石と呼び、大量にあるうえ加工に適した石として石垣や石畳、石橋など多くの構築物に利用されてきた。

写真9　轟橋橋脚の部材近影（2012年9月撮影）

信州森村の名主、中条唯七郎(なかじょうただしちろう)は、天保2(1831)年に現在の豊後大野市犬飼町(いぬかいまち)から竹田市の城下町へと歩き、その様子を詳しく日記に残しているが、彼は灰石のことを「黒ねづ色　はだあらし　石質至て和か也」と表現し「この所は石自由の所にて」と書き記している。旅人の客観的な目にも、加工しやすく大量にある石とうつっていたようだ。

　隣市である竹田市には、幕末に行われた岡城(おかじょう)の修復に際し、河床(かしょう)にあるAso-4溶結凝灰岩の露頭から、石垣修復の材を切り出した石割場がある。その普請の様子が記録として残されていて、矢穴痕などから石切の実態を推し量ることができる場所となっている。しかしながら、石橋については、残念ながらその場所の特定ができていない。しかし、河床、岩壁にはAso-4溶結凝灰岩が大量に存在し、現地で調達ができ、扱いやすい素材であったことは間違いない。こうした石材が容易に入手できたという条件が、木や鉄を材とした架橋ではなく石でアーチを組んで架橋する工法を積極的に採用させた一因と考えられる。

おおいた豊後大野ジオパークで感じてもらいたいこと

　深い谷と巨大な石橋は、灰色の石を生んだ9万年前の阿蘇山の大噴火がなければ存在しえなかったであろう。その存在を理解するためには、単に溶結凝灰岩の特質を知るだけでなく、カルデラ噴火が起きる以前の地形も知らなければならない。また、石橋建設前夜の社会的背景や地域的な事情なども知っておく必要がある。

　筆者は、これらは、まるで父と母と子のような関係で、互いに作用しあって成り立っているものと考えている。その関係性は、地質を端とする壮大な物語ともいえる。「灰色の石」と「深い谷」が、人に与えてきた影響は、時に都合の悪いものとなるが、そんな善悪の影響に気がつき、発見することができるのがジオパークであり、ジオサイトの魅力であろう。おおいた豊後大野ジオパークは「九州島の成立と巨大噴火を物語る地質と、それと共に在り続けてきた人々とが、垣間見える場所」としてこれからも在り続けていく。

（豊田徹士）

【参考文献】
・大分の石橋を研究する会（2000）『おおいたの石橋』大分の石橋を研究する会
・岡崎文雄・髙山淳吉・薬師寺義則（1996）『伝えたい ふるさとの石橋』高山総合工業株式会社
・柄木田文明（2007）中条唯七郎九州道中日記．成蹊論叢 44, 35-168．
・熊本営林局「年輪」編集委員会（1987）『年輪 写真で見る一世紀』林野弘済会熊本支部
・高野弘之（2014）豊肥線鉄道開通とアーチ式石橋の関係について．豊後大野市歴史民俗資料館年報 6, 34-39．
・豊田徹士（2015）岡藩に見られる石割，石割場跡について．石造文化財 7, 37-47．
・三重町役場企画商工観光課（1987）『大分県三重町誌総集編』三重町

【問い合わせ先】
・豊後大野ジオパーク推進協会
　豊後大野市三重町市場 1200　☎ 0974-22-1001
　http://www.bungo-ohno.com/

【関連施設】
・豊後大野市歴史民俗資料館
　大分県豊後大野市緒方町下自在 172　☎ 0974-42-4141

【注意事項】
・ジオサイトを巡る際には、交通ルールを守って安全に移動してください。
・ジオサイトによっては転んだり、落ちたりと足元が危ない場所もあります。十分ご注意ください。
・各種ジオツアーをガイド付きで行うこともできます。その際には「おおいた豊後大野ジオパークガイド事務局」080-2708-7809 までご連絡ください。

【地形図】
2.5 万分の 1 地形図「小原（おばる）」「竹田（たけた）」「犬飼（いぬかい）」「田中（たなか）」

【位置情報】
Stop 1 : 32°91'35"N, 131°48'12"E　　出会橋・轟橋
Stop 2 : 33°01'14"N, 131°63'43"E　　虹潤橋
Stop 3 : 32°89'31"N, 131°43'97"E　　滞迫峡
Stop 4 : 32°96'41"N, 131°45'10"E　　原尻の滝

❼ 桜島・錦江湾ジオパーク

火山と人と自然のつながり

図1 桜島・錦江湾ジオパークの地形とStop位置図
北海道地図株式会社ジオアート『桜島・錦江湾ジオパーク』をもとに作成

ジオツアーコース

Stop 1：火山がつくった巨大な穴　　　寺山公園
Stop 2：シラス台地と山城　　　　　　城山公園

付加体（四万十帯）の形成
（1億〜6500万年前）

ジオヒストリー	先カンブリア		古生代	中生代	新生代
（年前）	46億	5億	2.5億	6600万	500万

桜島・錦江湾

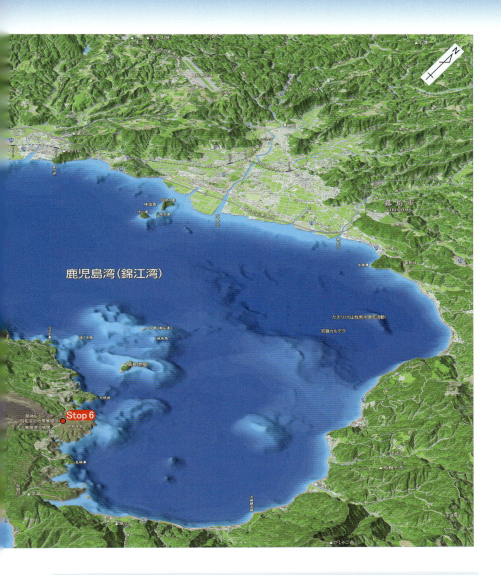

Stop 3：**溶岩原**と植物の回復力　　溶岩なぎさ遊歩道
Stop 4：間近に迫る**活火山**の山肌　　湯之平展望所
Stop 5：世界一小さい**ミカン**の畑　　赤生原(あこうばる)
Stop 6：**地球の鼓動**を感じる場所　　黒神ビュースポット

始良カルデラの超巨大噴火　　桜島の火山活動
　　（3万年前）　　　　　　（2.6万年前〜現在）

新生代

10万　　　1万　　　　　　　　　　現在

写真 1　夜の爆発的噴火（写真提供：大村瑛、2015 年 1 月撮影）

　活発な火山活動を続ける桜島。モクモクと上がる噴煙や夜の「赤い火」が日常的に見られ（写真 1）、地球の鼓動を感じることができる世界的にも珍しい場所である。多い時は年間 1000 回近く爆発しているが、麓には 4500 人の住民が「ふつう」に暮らしている。なぜ活火山に人が住んでいるのか？そこには、火山と人と自然の不思議な「つながり」があり、そのストーリーを知ると、景色が何倍も面白く見えてくる。

　桜島・錦江湾ジオパークのエリアには、桜島だけでなく、錦江湾も含まれている。実は、この海も火山がつくった地形であり、水深 200 m 以上の深海（若尊カルデラ）では火山性熱水噴気活動が今も続いている。そこには硫化水素を利用して生きるサツマハオリムシというチューブ状の生き物が群生し、世界的にも希な酸性水塊も認められる。

火山がつくった巨大な穴

　火山といえば「山」をイメージすることが多いが、直径 20 km ほどの巨大な穴であるカルデラをつくることもある。寺山公園（Stop 1）で、錦江湾を眺めながら、超巨大噴火によってカルデラができた様子を想像してみよう（写真 2）。

写真2 寺山公園からみた桜島と錦江湾（2002年8月撮影）

　今から2万9000年前、錦江湾奥部で超巨大噴火が起こった。この時の噴火では、噴煙が上空40 km以上にも達し、そこから大量の軽石が降ってきた。その後、火砕流噴火を繰り返し、最終ステージでは半径約70 kmの範囲を火砕流が埋め尽くし、南九州一帯にシラス台地を形成した。この噴火による総噴出量は400 km³以上である。これは東京都を180 m以上の厚さで覆いつくす程の量である。これをわずか1週間程度で噴出したというから驚きだ。これだけの量のマグマが地下から一気に噴出すると、もともとマグマがあった地下は空っぽになる。そこに地面が落ち込んでできた巨大な穴が目の前の海なのである。この場所は、姶良カルデラと名付けられている。

　錦江湾は噴火によってできた陥没地形のため、内湾であるにも関わらず水深200 m以上の深海が存在する。同じくらいの大きさの内湾である東京湾は1番深い所でも水深70 m程度しかない。錦江湾には、深海から浅海まで様々な生き物たちが暮らし、魚は1000種類以上いるといわれている。中には海の深さを利用して、夏の暑い時期は水深180 mまでもぐって高水温をやり過ごし、1年中錦江湾の中で暮らしているカタクチイワシもいる。この魚はカツオの一本釣りのエサとしても利用され、私たちの食とも深い関わりがある。火山がつくった深く豊かな海は、人々に恵みを与えてくれる宝の海である。

桜島・錦江湾

シラス台地と山城

　姶良カルデラの超巨大噴火によって形成されたシラス台地は、鹿児島県本土の約60％を占めている。白っぽい火山灰でできているため、白砂(しらすな)のようであり、これを鹿児島の方言でシラスというのが語源と考えられている。シラスはなぜ台地状の地形をしているのだろうか？城山公園（Stop 2）で、実際にシラス台地の上に立って、その地形ができた様子を想像してみよう（写真3）。

　カルデラを形成するような超巨大噴火の場合、噴煙は上へあがりきれずに崩れて地面を這うように流れ、火砕流となることが多い。火砕流は水のような（流体の）動きをするので、低い所を埋めて水平にたまる。あまりにも規模が大きい時は、山も谷も全て埋め尽くして真っ平ら地形をつくることがある。こうしてできた平たい地形が、長い年月をかけて川によって削られると台地状の地形が取り残される。こうしてできたのがシラス台地である（図2）。

　シラス台地はまわりが急な崖で囲まれているため、平野から台地の上へと登るのは大変である。逆にその地形を利用して、中世には山城が築かれることも多かった。シラス台地の切り立った崖は、掘りや石垣のような役割を果たし、天然の要塞となっていたのである。鹿児島にはこうした山城が多くあり、国の史跡に指定されているものも多い。

写真3　台地状の高まりが城山公園（2013年3月撮影）

桜島・錦江湾

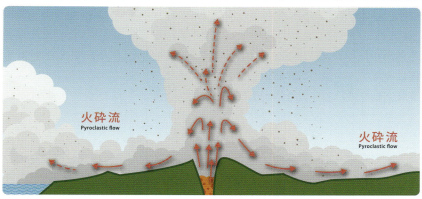

火砕流とは、噴煙が上に上がらず、崩れ落ちて、軽石、火山灰、火山ガスなどが一緒に流れ下る現象。

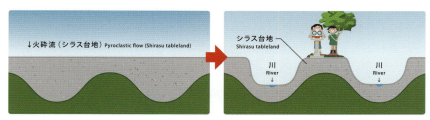

火砕流の規模が大きい場合、山も谷も全て埋め尽くして、平らな地形をつくる。

長い年月が経ち、川によって削られていくと、火砕流台地（シラス台地）となる。

図2　火砕流台地の形成過程

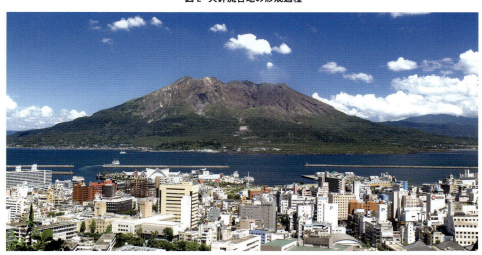

写真4　城山から見た桜島（2005年8月撮影）

城山は江戸時代初期に築かれた山城があった場所だけに眺めは抜群である（写真4）。目の前に広がる市街地と、その奥に錦江湾、そして海の上に浮かぶ桜島が見える。桜島は、このシラス台地をつくった超巨大噴火の3000年後にカルデラの縁にできた新しい火山で、人間でいえばまだ子供である。活発な活動を続ける元気な活火山に近づいてみよう。

溶岩原と植物の生命力

　フェリーで桜島へ渡ると、港から歩いて10分弱の所に桜島ビジターセンターがある。ここには桜島の噴火の歴史や植物の様子に関する展示があるほか、観光情報も提供されており、桜島に着いたら最初に立ち寄ってもらいたい施設である。ビジターセンターのすぐそばには、海沿いに続く遊歩道がある（Spot 3、写真5）。

　桜島は今から2万6000年前に誕生し、これまでに17回の大噴火を繰り返し、現在も活発な噴火活動を続ける活火山である。最後の大噴火は大正3（1914）年の噴火である。噴火口は山頂ではなく、山の東西の両山腹で割れ目状の火口をつくって噴火した。噴煙は1万8000 mまで上昇したと考えられ、上空から降ってきた軽石が約2 m積もり、埋もれてしまった鳥居もある（写

写真5　溶岩なぎさ遊歩道で観察できる溶岩や植生（2013年9月撮影）

写真6 黒神埋没鳥居（2014年1月撮影）

真6)。爆発的な噴火（プリニー式噴火）は約1日続き、その後溶岩が流れ出した。溶岩といえば、赤くてドロドロしたものが川のように流れてくるイメージが強いが、桜島の溶岩は比較的粘り気が強い安山岩質溶岩で、進むスピードが遅い。昭和21 (1946) 年に起こった噴火では、流れる溶岩を見に行ってタバコに火をつけた人がいたり、家を解体して別の集落まで運んだ人がいたそうである。大正3 (1914) 年の噴火では、山の中腹の噴火口から、この遊歩道に溶岩が流れ着くまでに約2週間かかっている。

　溶岩だらけの世界になったこの場所は、その後100年の歳月をかけ、植物が回復してきている（図3）。噴火直後の岩だらけで、土が全くない溶岩の上に植物が生えるのは難しい。しかし、その状態でもコケ類や地衣類は生えることができる。コケが成長して、枯れて、またコケが生えてきて、と繰り返していると、枯れたコケが土のもとになっていく。土があると、草も生えることができる。ススキのような草が生えてきて、だんだん自然が戻ってくる。草が生えてくると、今度は日当たりの良い場所を好む木（陽樹）が生えてくる。桜島の場合はクロマツである。クロマツが大きく成長して林をつくると、葉が陰をつくって林の中が暗くなり、日当たりが好きなクロマツが生えられ

図3　溶岩の上の植物

なくなる。そのかわり、日当たりが悪くても成長できるタブノキなどの木（陰樹）が生えてくる。タブノキがどんどん成長すると、やがてクロマツよりも大きくなって豊かな森をつくっていく。

　ここは100年前の溶岩の上なので、まだクロマツしか生えていない。しかし、あと100年、200年と年月を重ねると、ここも豊かな森になっているに違いない。そんな想像をしながら景色を眺めると、タイムトラベルをしているようで楽しい。

間近に迫る活火山の山肌

　さらに火山に近づき、湯之平展望所（Stop 4）から桜島を間近に眺めると、荒々しい山肌の様子が良くわかる（写真7）。実は、火山の山肌と人間の肌は良く似ていることを知っているだろうか？火山も人も、古いほうがシワが太くて深いのである。シワの正体は、山肌が雨によって削られてできた谷地形だ。長い年月、雨にさらされている古い火山のほうがたくさん削られているのでシワが太く深くなっている。古い火山である北岳の山頂付近は、雨による侵食が進み「お肌ボロボロ」の状態になっている（写真8）。

　削られた山肌の岩石は、雨水と一緒に土石流となって麓へ流れていく。土

写真7　湯之平展望所（2011年3月撮影）

写真8　北岳の山頂付近（2011年3月撮影）

石流が何度も流れてきた場所には土砂がたまり、緩やかな斜面である扇状地を形成する（写真9）。現在、この扇状地の上には、たくさんの家や畑があ

写真9 錦江湾上空から見た桜島北西部の扇状地（2006年2月撮影）

る。なぜ土石流によってできた危険な場所なのに、畑がたくさんあるのだろうか？近づいてその理由を探ってみよう。

世界一小さなミカンの畑

　桜島の北西部には、山肌が削られ、流れてきた土石流が何度も繰り返して土砂を埋め立ててできた扇状地がある（Stop 5）。この扇状地の地下には、岩石がゴロゴロ詰まっているので、石と石の間には隙間がたくさんある。その隙間のおかげで、扇状地はとても水はけが良い。水はけの良い斜面では、おいしいミカンが育つといわれている。桜島の扇状地でも桜島小みかんというとても甘くて小さいミカンが栽培され、特産品として販売されている（写真10）。昭和40年代には、桜島の農家1軒あたりの農業収入が鹿児島県で1位だったことがある。桜島は火山なので農業には不向きと思われているかもしれないが、昔は「宝の島」と呼ばれるほど豊かな場所だったのである。

　しかし、昭和50年代になると火山活動が活発化し、火山灰のせいで果樹園や農業を続けることが難しくなった時期もあった。それでもビニールハウ

桜島・錦江湾

写真10 桜島小みかん（2010年12月撮影）

スで対策するなど、たくましく農業を続けている人々もいる。桜島では、良いことも悪いことも、いつも火山と一緒にある。

　大噴火や土石流など、大規模な災害が起これば一瞬で人命や財産が奪われてしまう。それにも関わらず、多くの人々が今も桜島に住み続けているのは、ミカンがとれる、農作物が育つ、観光客がくる、家がある、親戚が近くにいるなど、様々なメリットがあるからである。このメリットを受けている時間と、デメリットを受けている時間は、どちらのほうが長いだろうか？

　大規模な災害は百年～数百年に一度しか起きない。しかも一瞬で終わってしまう。それ以外の圧倒的に長い時間はメリットを受けている。つまり、ほとんどの場合は、メリットだけを受けていることになる。ただし、たとえ短い時間であっても災害に遭ってしまえば、命にかかわる大事件である。自分が住んでいる所がどんな所で、どんな災害に遭う可能性があるのか、知っておくことは重要で、火山だけでなく、平野でも、山間部でも、海岸沿いでも同じである。地球の上に生きている以上、私たちはもっと地球のことを知っておく必要があるだろう。

地球の鼓動を感じる場所

　黒神ビュースポットは、桜島の中で最も「地球は生きている」と感じることができる場所である（Stop 6）。桜島は昭和30（1955）年から現在まで、一度も休むことなく毎日のように噴火している。60年以上も爆発的噴火（ブルカノ式噴火）を続けている火山は世界的に見ても珍しい（写真11）。

　昭和30（1955）年以降、噴火は山頂火口だけで起こっていたが、平成18（2006）年からは、山の東側斜面8合目付近にある昭和火口からも噴火するようになった。平成時代に噴火しているのに昭和火口と呼ばれるのは、昭和21（1946）年の噴火の際に溶岩が流出した噴火口を再び使って噴火をはじめたからだ。山の斜面に火口ができたおかげで、麓から火口を望むことができるようになり、より鮮明に地球の鼓動を感じることができるようになった。

　もしゴーという低い音が聞こえていたら、火口から火山ガスが勢いよく出ているときである。白い煙が上がっていたら、火口からゆっくりと水蒸気だけが出ている状態である。灰色の煙が上がっていたら、噴火しているときで、噴煙の中には火山灰などが含まれている。もし何も出ていなかったら、火山ガスを溜めて、次の噴火の準備をしているときであろう。ここは地球が生きていることを感じられる場所である。噴火していても、していなくても、見飽きることはない。

写真11　ブルカノ式噴火（2013年10月撮影）

「つながり」を感じるジオパークの面白さ

　ここで紹介したストーリーは、火山の地形や地質、海の生き物、歴史、植物、農業、防災などが全てつながっている。桜島に限らず、目の前の景色には、大地と人と自然の「つながり」のストーリーが数多く隠されている。ストーリーを知れば、今まで見ていた当たり前の景色が何倍も面白く見えてくるだろう。そんな景色の楽しみ方をするためのコツは、もっと地球のことを知り、「つながり」を探したり、気づいたりするチャンスを増やすことである。ジオパークでは、そのお手伝いをするためのツアーやイベント、セミナーなどが開催されている。ジオパークで新しい発見を楽しんでもらいたい。

（福島大輔）

【問い合わせ先】
・桜島・錦江湾ジオパーク推進協議会　鹿児島市山下町 11-1　☎ 099-216-1313
　http://www.sakurajima-kinkowan-geo.jp/
・NPO 法人桜島ミュージアム　鹿児島市桜島横山町 1722-61　☎ 099-245-2550
　http://www.sakurajima.gr.jp/npo/

【関連施設】
・桜島ビジターセンター　鹿児島市桜島横山町 1722-29　☎ 099-293-2443
　http://www.sakurajima.gr.jp/svc/
・湯之平展望所　鹿児島市桜島小池町 1025　☎ 099-298-5111

【注意事項】
・「桜島のオキテ」を守って、ジオパークを楽しんでください。噴火しても、大あわてで逃げないこと。火山灰に当たっても、ビックリしないこと。キレイ好きの人は、灰をやり過ごすこと。車でドカ灰に遭遇したら、無理しないこと。マスクをしていないことに、驚かないこと。大噴火があるかもと、心配し過ぎないこと。どうしても心配なら、気象庁で調べること。

【地形図】
2.5 万分の 1 地形図「桜島北部」「桜島南部」「鹿児島北部」「鹿児島南部」

【位置情報】
Stop 1：31°39'35"N，130°36'30"E　　寺山公園
Stop 2：31°35'49"N，130°33'03"E　　城山公園
Stop 3：31°35'29"N，130°35'35"E　　溶岩なぎさ遊歩道
Stop 4：31°35'29"N，130°37'48"E　　湯之平展望所
Stop 5：31°35'53"N，130°36'33"E　　赤生原
Stop 6：31°35'18"N，130°42'32"E　　黒神ビュースポット

桜島・錦江湾

❽ 三島村・鬼界カルデラジオパーク

島々と火山をめぐる人の営みとこれから

図1 三島村・鬼界カルデラジオパークの地形と位置図
北海道地図株式会社「地形陰影図」に加筆

ジオツアーコース

Stop 1：	三島村の玄関口で見る**アカホヤ噴火**	竹島港
Stop 2：	海底噴気と特殊な生物	昭和硫黄島
Stop 3：	**カルデラの落差を実感**	カルデラ壁展望所
Stop 4：	**海底温泉**の描き出す模様を堪能	岬橋
Stop 5：	**カルデラ**全体のスケールを実感	恋人岬展望台
Stop 6：	**アカホヤ噴火**堆積物の大露頭	大浦港
Stop 7：	**硫黄**を通じた大地と歴史のつながり	俊寛堂

ジオヒストリー
縞状鉄鉱床の堆積（27～19億年前）

	先カンブリア	古生代	中生代	新生代
（年前） 46億		5億	2.5億 6600万	500万

三島村・鬼界カルデラジオパークは、九州本土の南端から南に30kmほどに位置する3つの島(竹島・硫黄島・黒島)と海底カルデラからなる。それぞれ特徴的な自然、歴史、文化をもつ3島に暮らす人々は、村営フェリーによってつながり、相互に助け合いながら生活を送っている。

　7300年前に起こった鬼界カルデラの破局噴火(アカホヤ噴火)は、大量の噴石、火山灰、火砕流を噴出し、地震、津波が引き起こされた複合的な大災害であった。火砕流は海を渡って九州本土に到達し、南九州の縄文文化を壊滅させたといわれている。一方、カルデラ噴火の後に形成された硫黄岳は、硫黄の産地として、珪石の産地として、そしてまた温泉のある観光地として、人々に恵みをもたらしてきた。現在では、豊富な地熱資源が着目され、地熱開発が行われている。

島々への旅は火山巡りクルーズから

　三島村へ向かうフェリーの航路は、姶良カルデラ、阿多カルデラ、そして鬼界カルデラの3つのカルデラを眺める火山巡りのクルーズとなっていて、船旅そのものがジオツアーである。フェリーみしまに乗船したら、まずは屋上デッキへ出よう。天気がよければ、左舷から錦江湾奥部にあたる姶良カルデラや、その奥の霧島連山を一望できる。船が出航し大きく南へと転進すると、雄大な桜島が姿をあらわす。2時間ほどかけて穏やかな錦江湾を南下し、開聞岳を右手に見ながら阿多カルデラを通過する。そして外洋に出ると、これから向かう竹島、硫黄島、黒島や、種子島、屋久島が目に入ってくる。そこから1時間ほどで三島村・鬼界カルデラジオパークの玄関口、竹島港に到着する(Stop 1、図2)。

図2　竹島のStop位置図　2.5万分の1地形図「薩摩竹島」に加筆

三島村・鬼界カルデラ

写真1 竹島のアカホヤ露頭 (2014年8月撮影)
最下層の船倉降下軽石層の上に黒色の船倉火砕流堆積物がのる。その上位の竹島火砕流堆積物は、現在ササに覆われている。

写真2 昭和硫黄島 (2013年8月撮影)

　竹島港では、着岸したフェリーみしまの右舷側正面で、アカホヤ噴火の痕跡と早速対面することになる（写真1）。ここの露頭では下位より、A. アカホヤ噴火のはじめに噴出した白い軽石層である船倉（幸屋）降下軽石、B. 硫黄島、竹島だけに分布する高温の火砕流で、レンズ状の黒い緻密な地層である船倉火砕流、C. 九州の本土まで到達した火砕流の本体である竹島（幸屋）火砕流を観察できる。爆発的なプリニー式噴火にはじまって高温の火砕流を噴出し、最終的には大量のガスや軽石を噴出しながらカルデラ崩壊を起こした過程がここから読み取れる。

　竹島港を出航して15分ほど経つと、鬼界カルデラの中に船が進んでゆく。右舷側に見えてくるごつごつとした植生のない小島が昭和硫黄島で（写真2）、1934～35年の海底噴火によってできた島である（Stop 2）。条件が良ければ島の周囲が温泉水によって変色しているのを見ることができる。また、漁船で

写真3 硫黄島 (2013年12月撮影)

島に近づくと、海底からわき上がる気泡を観察することができる。この海底には、世界で3種しか確認されていない特殊なカニが生息している。

　昭和硫黄島を右手に見ながら通り過ぎると、硫黄島が迫ってくる。右舷からは、単独峰として海からそそり立ち噴気を上げる硫黄岳の姿を見ることができる（写真3）。噴気は、山頂や山肌の複数の場所から立ち上っている。その足元には、山肌を黄色く染めて硫黄が析出しているのを見ることができる。島が近づいてきたら硫黄島の周囲の海面の色にも注意しよう。島の周囲から湧き出し続ける温泉によって海水が変色している。変色海水は、その時々の潮流によって広がりや色の濃さが刻々と変わる。帰りにはまた違った姿を楽しむことができるので覚えておこう。風向きによっては硫黄岳から流れてくる硫化水素の臭いも感じることができる。

　硫黄岳の南に船がまわり込んでくると、侵食によってむき出しになった硫黄岳の溶岩や火山性堆積物の断面と、深い谷が見える。また、湧き出した温泉が山肌を流れた痕跡も見ることができる。硫黄岳を通り過ぎ稲村岳にさしかかる頃に、海水の色が乳白色から赤褐色に変わる。硫黄岳は流紋岩質溶岩で鉄を多くは含んでいないが、稲村岳は玄武岩質の溶岩で鉄分を多く含んでいる。こうした地質の違いが、温泉水の成分に反映され海水の色の違いを生みだしていると考えられている。

三島村・鬼界カルデラ

汽笛が鳴ると、約4時間の船旅もいよいよ終盤にさしかかる。大迫力のカルデラ壁を左舷に見ながらひときわ赤く染まった硫黄島港へと船は入港してゆく。港で鳴らされる歓迎のジャンベ（アフリカの打楽器）に目を奪われるが、船の後方にも注目したい。船の通過によって巻き上げられる透明な海水が、赤く染まった港に一筋の青い航跡を描きだしている。いよいよ着岸だ。噴気を上げる山を背後に、赤い海、そしてジャンベのリズム。異世界に迷い込むような錯覚を、ぜひ感じてほしい。

カルデラ噴火と温泉

硫黄島に上陸した後、硫黄島集落から西側の台地にむけて村道を登ってゆくと、中腹で一気に展望が開ける（Stop 3）。ここでは、左手に稲村岳、奥には赤く染まった長浜湾が見える。そして長浜湾の西側（右側）から右手前、足下に向かって高さ100 mほどの急崖が連なるのを一望できる（写真4）。この急崖は、まさにカルデラの陥没によってあらわれた溶岩の断面である。カルデラの底は海中600 mほどに没しているため、この崖はカルデラ壁の上部が一部のみ海上に露出しているに過ぎない。手元に海底地形図があれば、海に没しているカルデラの広がりや陥没の落差を想像してみよう。こうしてカルデラ壁の比高を体感したらそのまま村道を登って溶岩台地の上を南下し、右手奥に見えている恋人岬のほうへと向かおう。

恋人岬へと向かう途中、岬の鞍部にかけられた橋にさしかかると絶景がひらける（Stop 4）。標高90 mほどの橋の上から左手（東側）には、赤く染まった長浜湾と、稲村岳、硫黄岳が一望できる。ここでは、港と外洋の海水が混ざり描き出す模様とコントラストに目を奪われる（写真5）。この港の赤色は、海底から湧き出し続けている温泉に含まれる鉄分が海水と反応して水酸化物となったものである。これによる海水が描き出す模様は、満潮か干潮か、大潮か小潮か、風向や風速などの複数の気象条件によって様々に変化する。背後の硫黄岳の噴気の量や形も日々刻々と変化しているため、景色は訪れる度に違っている。

ここでは、度重なる海底探査や長期観測によって、海底に複数の熱水噴出孔が林立して温泉水を噴出し続けていて、潮汐や月齢周期での海底の様子が

写真4 硫黄島のカルデラ壁（2015年7月撮影）

写真5 岬橋から見える長浜湾、稲村岳、硫黄岳（2014年5月撮影）

周期的に変動していることが明らかにされてきている。こうした変動過程の解明は、太古代につくられた縞状鉄鉱床形成のメカニズムを理解する手がかりになるとされ、研究が進められている。また、橋の上から右手（西側）を眺めると、そちらには深い青色の海が広がっている。湾内の赤い海とは対照的な景観である。

島の南端である恋人岬展望台（写真6）からは、硫黄島の南側の海岸地形と、海岸から湧き出す温泉水が描き出す模様を見ることができる（Stop 5）。また、ここでは鬼界カルデラの北西縁である硫黄島の急崖、北東縁である竹

三島村・鬼界カルデラ

写真6 恋人岬から見る硫黄岳
奥にはカルデラの北東縁にあたる竹島の南岸も見えている（2015年8月撮影）

島南側の急崖、南西縁であるヤクロ瀬を一望できる。海底地形図を片手に海底の姿を思い浮かべながら、カルデラの巨大さを感じたい。

溶岩台地とその利用

　恋人岬からの景色を楽しんだ後は、少し引き返し、西へ向かってみよう。広大な台地の上に放牧場や牧草地が目に入ってくる。三島村は、3島ともに畜産が盛んで、これが村の基幹産業となっている。海を見下ろす広大な放牧場は牛にとってストレスの少ない環境である。また放牧場は溶岩台地のために適度な起伏があるため健康で足腰が強い牛が育つとされる。こうしたことから、三島村で産まれた牛は高値で取引されている。硫黄島では、かつて飼料作物の作付けを行ったことがあるが、外来の作物は火山ガスや塩害に耐えることができず生育が悪かったという経緯がある。現在は、一部飼料を本土から購入しつつも、自生しているリュウキュウチクやチガヤなどを飼料とし

図3 硫黄島のStop位置図　2.5万分の1地形図「薩摩硫黄島」に加筆

三島村・鬼界カルデラ

て現在も利用している。

　溶岩台地の上を西へ向かう途中に、薩摩硫黄島飛行場に立ち寄ってみるのも良いだろう。これほど小さな人口の少ない島に飛行場があるのを不思議に思われるかもしれないが、硫黄島では、1980年代にリゾート開発が行われ、高級ホテルが建設され、その際に滑走路も併せて建設されたのである。その後、リゾートは閉鎖。現在は滑走路は村の所有となり、日本で唯一の村営の飛行場である。また現在では週2便、鹿児島空港とのセスナ便が定期運航している。このフライトも、霧島・桜島・開聞岳・硫黄島という4つの火山を眺めることができる。

　放牧場や牧草地、集落の中を移動していると、時おりクジャクを目撃することがある。これもリゾート時代の遺物で、観賞用に飼育されていたクジャクが逃げ出し野生化したものである。一時は島民よりも多いといわれるほど繁殖していたが、現在はその個体数も減っている。春先に雄の個体が羽を広

写真7 大浦（2015年5月撮影）

げて求愛する様は実に美しい。

　放牧場を西へ抜けた所にある、島の西端部に位置する港が大浦港である（Stop 6）。カーブを曲がるとあらわれてくる高さ60 mの大露頭と、その足下の透き通った青い海に息をのむ（写真7）。ここでは、溶岩台地を構成していた長浜溶岩と、その谷間に厚く堆積したアカホヤ噴火の3種類の堆積物（船倉降下軽石、船倉火砕流、幸屋火砕流）が観察できる。双眼鏡があれば船倉火砕流の中の軽石が押しつぶされているユータキシティック構造を観察することができる。アカホヤ噴火の一連の堆積物を目の前に、ぜひ噴火の様子を想像していただきたい。

硫黄採掘と俊寛

　今度は火山と共生してきた人々の暮らしや歴史に注目したい。島の中ほどにある俊寛堂は、苔の絨毯の小道の奥にある、俊寛を祀ったお堂である（Stop 7）。俊寛は平安時代の高僧で、栄華を誇っていた平家に反目して捕らえられ、

写真8 俊寛堂 （2013年4月撮影）

硫黄島に島流しにされこの地で生涯を終えた、悲劇の僧である。平家物語に語られているこのくだりは、薪能や歌舞伎としても有名な演目となっている。この俊寛堂は、彼の死を哀れんだ住民が、彼の居住地跡に建てたとされるものである（写真8）。

　俊寛が硫黄島に配流された経緯には、火山の恵みである硫黄が背景にあると推察される。平家物語の俊寛のくだりには、「その島の中には高き山があり、火が燃え続けている。島中に硫黄が満ちている」という内容の記載がある。硫黄は、火薬が発明された約1000年前以来、日本の主要な貿易産品であった。硫黄島はその硫黄の高品位のものを産出する場所として当時から有名であったようだ。俊寛らを捕らえた平清盛がその流刑地として硫黄島を選択できたのは、硫黄島が「硫黄を産出する異界の地」として認識され、その名が京都まで伝わっていたからかもしれない。平家物語の中には、俊寛が硫黄を採掘して売っていたことも書かれている。

　硫黄鉱山としての硫黄岳は1964（昭和39）年に閉山になっているが、当時の石畳や道路の石組みが朽ちながらも遺されていて、岩だらけの山容に異彩を添えている。

島の生活と環境問題

　正確な記録はないが、いつ頃からか島の人々は山中の谷間をゴミ処理場として位置づけ、そこに全てのゴミを捨てることを習慣としていた。しかし近年、この現状を問題視した島の若者が立ち上がり、新たに発生している生活ゴミは本土で処理するために分別し搬出をするようになった。ゴミを本土へ搬出することにより島の環境への負荷は小さくなったが、これはゴミ問題の本質的な解決とはいえない。

　ゴミだけでなく食料などの生活物資やエネルギーに関しても、本土とのつながりがなくては島民の生活は成り立たない。昭和以前は島内の自給自足によって生活していたのに、便利になった現代では本土とのつながりがなくては生活が完結できなくなってしまった。これは現代文明を非常によく象徴した問題である。都市のエネルギーや食料も、多くの人々の生活圏外にある発電所や農地に依存している。ゴミ、食料、エネルギーに限らず、過疎化や高齢化といった社会がこれから直面する問題は、離島においていち早く顕在化している。三島村・鬼界カルデラジオパークは、全国に先駆けてこれらの問題に取り組み、持続可能な社会の実現に向けてのモデルケースとなれるよう、より良い文明のあり方を模索する活動を続けたいと考えている。

　エネルギー問題を解決する１つの方策として硫黄島では、世界で初めての試みとなる地熱を用いた液体水素製造の計画が進行中である。豊富な地下資源を活用するだけでなく、これを用いて液体水素を製造することで、燃料の製造過程から二酸化炭素の排出量が極めて少ない燃料電池車用の燃料を提供することが可能となる。この試みが成功し、世界中の火山地帯に展開されるようになれば、世界のエネルギー問題の解決の一助となることも期待される。

三島村・鬼界カルデラジオパークで考えてもらいたいこと

　三島村・鬼界カルデラジオパークは、小さな島と海域からなる、日本で最も小さい人口規模のジオパークである。このような条件のもとに、日本で最も新しい破局噴火の痕跡や、火山と温泉が織りなす特異な景観、そして島ならではの独特の歴史や文化が息づく特色の濃いジオパークである。この小さ

な島々を巡って、この地の自然や歴史や文化を学び、環境、エネルギー問題を直視していただきたい。その上で、持続可能な社会の実現とは、私たち1人1人がどういう1日を送ることなのか、考えるきっかけを持っていただきたいと考えている。

（大岩根　尚）

【問い合わせ先】
・三島村ジオパーク推進連絡協議会（三島村役場内）
　鹿児島市名山町 12-18　☎ 099-222-3141
　http://mishima.link

【関連施設】
・三島開発総合センター
　鹿児島郡三島村硫黄島 90-61

【注意事項】
・観光客の硫黄岳への入山は禁止されています。研究・教育目的で入山をご希望の方は三島村役場にご相談ください。

【地形図】
2.5 万分の 1 地形図「薩摩竹島」「薩摩硫黄島」「薩摩黒島」

【位置情報】
Stop 1：30°48'53"N，　130°25'07"E　　　竹島港
Stop 2：30°48'14"N，　130°20'26"E　　　昭和硫黄島
Stop 3：30°47'14"N，　130°16'49"E　　　カルデラ壁展望所
Stop 4：30°46'44"N，　130°16'33"E　　　岬橋
Stop 5：30°46'24"N，　130°16'42"E　　　恋人岬展望台
Stop 6：30°47'18"N，　130°15'59"E　　　大浦港
Stop 7：30°47'24"N，　130°17'11"E　　　俊寛堂

三島村・鬼界カルデラ

コラム2 カルデラ

　カルデラ（caldera）とは、ポルトガル語で大鍋を意味する言葉で、大きな火山活動により陥没した、通常の火口より大きな窪地を指す。通常の火口は、マグマが火道を通り上がってくる火山噴火によってつくられ、その直径は 1 km を超えない場合が多い。一方、直径 2 km を超えるような火山性の窪地は、通常の噴火によるものではないと考えられ、火口と区別しカルデラと呼ばれる。多くのカルデラの地形は周囲が急な崖で囲まれており、内側の底は平坦である。カルデラ内には、その後の噴火活動によってつくられた山体が存在するものもある。その後の噴火活動によってつくられた山体が存在するものもある。

　カルデラは、噴出量が 10 km³ を超える噴火の際に形成されることが多い。大規模な噴火によって大量のマグマが放出されると、マグマ溜まりの天井を支える支柱の役割を果たしていたマグマそのものがなくなってしまう。すると、天井の岩盤は支えを失うため自重によって崩落し、マグマ溜まりの中に

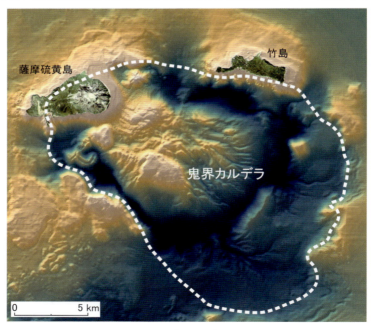

図1　鬼界カルデラ

落ち込むことになる。その際、落ち込んだ天井が重しとなって、ピストンのように残りのマグマを押し込むため、さらに膨大な量のマグマを押し出し、噴出させる。この際に大規模な火砕流が発生し周囲を埋め尽くすことになるが、マグマ溜まりの天井があった部分は陥没地形となってカルデラを形成する。

　このような大規模な噴火によって形成されたカルデラは日本に12ヵ所ある。それらは、北から順に、摩周（ましゅう）、屈斜路（くっしゃろ）、阿寒（あかん）、支笏（しこつ）、倶多楽（くったら）、洞爺（とうや）、十和田（とわだ）、箱根（はこね）、阿蘇（あそ）、姶良（あいら）、阿多（あた）、鬼界（きかい）（図1）である。北海道に6ヵ所、九州に4ヵ所と地域的に偏在している。カルデラ噴火は、同一の場所で繰り返す特徴があり、上述のカルデラでは複数回の大規模な噴火の痕跡があるものが多い。日本列島全体で平均するとカルデラ噴火の頻度は1万年に1回程度となる。頻度は非常に低いが、例えば阿蘇のカルデラ噴火では、九州の全域を火砕流が覆ったばかりか、海を渡って本州にも到達した痕跡がある。また恐ろしいのは火砕流だけではない。カルデラ陥没の際には大きな地震を伴い、海域の噴火であれば大津波が発生、広い範囲に大量の降灰をもたらし、エアロゾルが日射を遮り寒冷化を引き起こすなど、長期にわたる複合的な大災害となり、社会に与える影響は計り知れない。ひとたびこれが起こると東日本大震災の比ではない未曾有の大災害となる。

　カルデラが、地球の仕組みに従って形成されるものである以上は、日本列島でのカルデラ噴火は必ずまた起こるだろう。その時の被害の軽減のために、鬼界や支笏といった比較的新しいカルデラを対象として、巨大噴火の前兆や噴火の過程に関する研究が進められている。しかし現在の科学では、文明社会が経験したことのないカルデラ噴火の日時や規模を正確に予測することは難しいだろう。不完全な予測をもとに、我々はどのようにカルデラ噴火に対処すべきなのだろうか。また、やがてくるその日までに、どのような社会を築いてゆくべきなのだろうか。

　カルデラは大規模な自然災害の痕跡であると同時に、奥深い湾や山中の大規模な平地や湖など、雄大で美しい地形をつくる。また温泉を湧出させるため観光名所となり、多くの恵みを与えてくれる。カルデラを訪れた時には、その災害と恵み、それに寄り添って生きてきた人々の暮らし、さらにこれからの文明の火山との共生にも思いを馳せていただきたい。　　　（大岩根　尚）

 **第四紀**

　第四紀とは、地球の46億年の歴史をわける地質時代区分の1つであり（p.6参照）、約260万年前から私たちが生きている現在を含む最も新しい時代である。かつてはその名が示すように第四番目の時代区分であった。産業革命の時代、イタリアの地層から化石を含まない時代である第一紀、現在では見ることのできない生物の化石を含む時代である第二紀、現代と同じような生物の化石を含む時代である第三紀という時代区分が定義された。その後、研究が進み、第一紀、第二紀という時代区分では岩石や時代についてうまく説明できなくなり使われなくなった。第三紀は新生代の時代区分として残り使われ続けてきたが、最近では、古第三紀と新第三紀に二分されて、公式には使われなくなった。第四紀は産業革命よりかなり後になってつくられた時代区分である。その当時は第一、二、三紀に続く、人類が地上に出現して以降を表す年代という定義がなされていた。今では、この第「四」紀だけが地質時代区分に名称が残っている。

　第四紀は、地球が寒くなっていった時代である。地球に大きな氷の塊である氷床ができると、どんどん寒くなる。氷は太陽からの日射を反射する割合が高く、地球表面を覆う氷の面積が大きいほど、地球が太陽から受け取る日射量が減るからである。第四紀がはじまる頃、北半球の高緯度地域では氷床が成長していき、地球はどんどん寒くなっていった。さらに、寒冷化に加えて4万年周期の寒暖の繰り返しが顕著になってきた。氷期－間氷期がはっきりと繰り返されるようになったのである。時代が進み80万年前からは、氷期－間氷期の繰り返しが10万年周期になり、氷期－間氷期の寒暖の差もさらにはっきりするようになった（図1）。

　氷期－間氷期の繰り返しは、世界的な海面の低下・上昇や気候帯の変化などをもたらした。第四紀は自然環境の変化が激しい時代ともいえる。最近まで第四紀の開始の年代は約180万年前と定義されていたが、現在は、地球気候の寒冷化および周期的な氷期－間氷期の繰り返しがはじまった頃の約260万年前まで遡っている。

　この第四紀に人類は進化していった。もともと人類が出現した時代を第四

紀としていたのだが、研究が進むにつれて人類はさらに古い時代から存在していた事が明らかになっていった。人類の定義を「直立二足歩行と犬歯の退化」とするならば、人類の誕生は700〜600万年前まで遡る。その後、第四紀がはじまる頃に、多様に分化したアウストラロピテクスの一部がホモ属（ヒト属）へ進化し、20〜15万年前にヒトであるホモ・サピエンスの出現につながる。

　この人類の進化は、気候変動と密接に関わっていると考えられている。例えば第四紀の寒冷化にあわせて、東アフリカでは乾燥化が進行し、植生が森林から草原に変化していった。人類はこのような環境変動に適応しながら進化し、ついには文化や文明を築いていったのである。第四紀はまさに人類進化の時代といえる。

　気候の変化と人類の進化で特徴づけられる第四紀は、我々の生活に密接に関わるとともに人類の将来について考えるためにも重要な時代である。例えば、日本列島の地形や、人口が集中する平野の地層や土壌の大部分は、第四紀に形成されたものである。我々は、第四紀につくられた土地を利用して生活している。現在の地形をつくり出してきた第四紀に活動した断層や火山は、

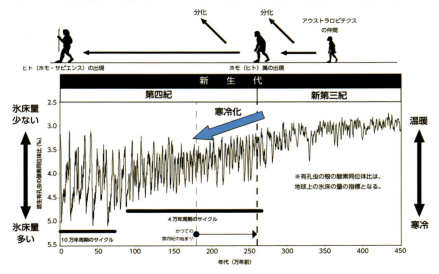

図1　第四紀の気候変動と人類
酸素同位体比のデータは Lisiecki and Raymo (2005) を使用

写真1 海成段丘と海食崖（写真提供：千葉県立中央博物館、1987年10月撮影）
海成段丘は第四紀の海水準変動と大地の隆起によって形成される。海の働きでつくられた海底の平坦面が隆起し、海成段丘となる。千葉県銚子の海成段丘面は、およそ10万年前に陸地になり、隆起により現在の標高になった。地表は関東ローム層に覆われている。屏風ケ浦と呼ばれている海食崖は、全長10 km、高さ20-60 mである

活動することにより地震災害や火山災害などを引き起こす。また、平野の地層は、河川の氾濫や海水準変動によって堆積してきた土砂であり、洪水などの災害の痕跡ともいえる。さらに、人類活動によって引き起こされる地球温暖化の予測のためには、第四紀の気候変動の理解が必要不可欠である。つまり、将来の災害や気候の予測には、第四紀の地層から災害や気候の歴史の記録を紐解き、自然環境の変動のメカニズムを明らかにしたうえで、第四紀という時代について理解する必要がある。第四紀という時代は、なじみが薄いかもしれないが、われわれにとって非常に重要な時代なのである。　　　（岩本直哉）

【参考文献】
・Lisiecki, L.E. and Raymo, M.E.（2005）A Pliocene-Pleistocene stack of 57 globally distributed benthic δ ^{18}O records. Paleoceanography. DOI: 10.1029/2004PA001071

II 沖縄地方

写真解説は 156 ページ

沖縄地方の概説

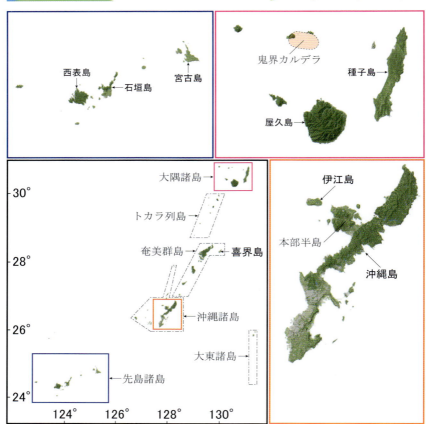

図1 沖縄地方の地形
北海道地図株式会社「地形陰影図」に加筆

地形

　琉球弧の島々は火山島・山地島・隆起サンゴ礁島の3つの弧に大別される。火山島からなる最も内側の弧には、鬼界カルデラからトカラ列島にかけて火山が連続し、活発な噴火活動が見られる。山地島は、西南日本弧の一部を構成する秩父帯と四万十帯の付加体からなり、海洋プレートに起源をもつ玄武岩・石灰岩・チャートと、陸源性堆積岩が残丘地形をつくる。これらの地形は沖縄諸島に多い。隆起サンゴ礁島からなる最も外側の弧は、第四紀に形成された石灰岩の台地を主体とする島々で、奄美群島から先島諸島にかけてサンゴ礁地域に特有の景観が見られる。

　サンゴ礁は、琉球弧の自然環境を象徴する景観要素の1つである。この海域の自然環境は水温25〜30°Cという造礁サンゴの生育条件に合致し、島々をとりまく裾礁が形成される。琉球弧の北端に近い種子島では小規模なサンゴ礁が点在するのみであるが、琉球弧の南端に近い石垣島、西表島には石西礁湖と呼ばれる大規模なサンゴ礁が発達する。河川が発達しない宮古島などでは、海域への土砂の流入が少ないこともあり、サンゴ礁の連続性が良い。

　フィリピン海プレートがユーラシアプレートに沈み込む琉球海溝は、プレートテクトニクスにおける収束境界にあたり、地殻変動が活発である。琉球弧でも、特に琉球海溝に近い外側の弧では、サンゴ礁が隆起した海成段丘の発達が良い。奄美群島の喜界島は、最終間氷期から後氷期にかけて200 m以上も隆起しており、日本で最も隆起の著しい地域である。海洋プレートであるフィリピン海プレートに起源をもつ大東諸島は、環礁がプレートの運動に伴って隆起した特異な島で、一般に琉球弧には含めない。

　石灰岩の溶解によって形成されるカルスト地形も、琉球弧を特徴づける地形である。沖縄島南部や宮古島などに分布する第四系の石灰岩には鍾乳洞が発達し、中・古生界の石灰岩が露出する沖縄島北部の本部半島には円錐カルストも見られる。沖縄島北部、石垣島北部、西表島などの石灰岩の分布しない地域には河川が発達するが、岩盤が深層まで風化するため河川に運搬される粗粒の岩屑は少なく、しばしば河床に岩盤が露出する。したがって、河川による地形変化は活発ではなく、扇状地や三角州はあまり発達していない。

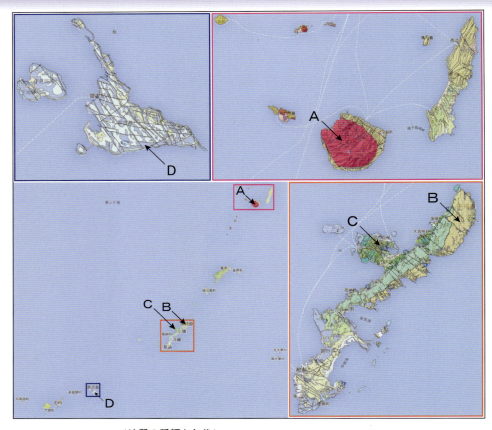

<地質の種類と年代>

A: マグマが地下の深いところで冷えて固まった花崗岩
1500 万年前〜 700 万年前
B: 海溝で堆積した砂岩と泥岩の互層（付加体）
5200 〜 3200 万年前
C: 沈み込み帯で付加したチャート
1 億 6100 万年前〜 1 億 3000 万年前
D: 隆起サンゴ礁由来の石灰岩（琉球石灰岩）
170 万年前〜 15 万年前

図 2 沖縄地方の地質

産業技術総合研究所 地質調査総合センター「20 万分の 1 日本シームレス地質図」[CC BY-ND] に加筆
凡例の地質の種類は基図のデータにもとづき一部を編者が改変。地質の年代は基図のデータによる

地質

　琉球弧には、古生代から新生代にいたる多様な地質時代に形成された付加体、古第三紀から新第三紀に形成された陸源性堆積岩、第四紀に形成された生物源堆積岩、さらには完新世の火山岩や堆積物と、さまざまな地層や岩石がある。付加体では、枕状玄武岩、礁性石灰岩、放散虫チャート、細粒砕屑岩(がん)、粗粒砕屑岩が複雑に産する。陸源性堆積岩としては新第三系の砂岩と泥岩、生物源堆積岩としては第四系の石灰岩がある。

　付加体は、奄美大島、沖縄島北部、慶良間諸島、石垣島、西表島などで見られる。例えば、四万十帯に位置する沖縄島北部では、中生代白亜紀から新生代古第三紀にかけて海溝で変形した付加体の堆積岩である砂岩や泥岩が見られ、一部では褶曲(しゅうきょく)が著しい。これらの基盤岩は侵食され、現在の山地や丘陵を形成している。秩父帯に位置する沖縄島の本部半島には、ペルム紀から白亜紀にかけて形成され、沈み込み帯で付加した玄武岩、石灰岩、チャートなどが見られ、残丘(ざんきゅう)として山地を形成している。四万十帯と秩父帯とは、本州から続く仏像構造線で区分される。

　新生代の陸源性堆積岩と生物源堆積岩からなる層序は、沖縄島南部や宮古島で典型的に見られる。これらの島々では、新第三系の泥岩が基盤岩となり、それを第四系の琉球石灰岩が覆う。沖縄島中部など琉球石灰岩がまばらな地域では、基盤岩の新第三系が露出することも多い。新第三系の泥岩は、乾湿風化を受けやすく、地すべりを発生させやすい。琉球石灰岩は、サンゴ礁が隆起した礁性の石灰岩と、砕屑性の石灰岩にわけられ、造礁サンゴや石灰藻類の化石もよく見られる。

　琉球弧の海岸では、完新世の堆積物が風や波によって運搬され、砂丘、砂嘴(さし)、陸繋島(りくけいとう)のような海岸地形を形成することがある。こうした砂質海岸の堆積物の多くは、造礁サンゴや貝殻、有孔虫などの生物の遺骸に由来し、白いビーチがつくられる。有孔虫としてはバキュロジプシナとカルカリナがあり、それぞれの遺骸は星砂や太陽砂と呼ばれ、観光資源にもなっている。サンゴ礁がよく発達する海岸では、静穏時の波の作用がきわめて小さいため、一般的な侵食と堆積の繰り返しとは異なる地形変化が見られる。

生態

　琉球弧の生態系は、気候・水文・地史・岩石などの制約を複雑に受けながら成り立っている。基盤岩の山地や丘陵には亜熱帯常緑広葉樹林が広がり、熱帯や亜熱帯を特徴づける植物も生育するが、温帯の森林植物が主体であり、東南アジアなどの熱帯多雨林とは異なる。平地では人間による土地利用が活発なため森林はほとんどなく、サトウキビやパイナップルなどが栽培され、日本の本土には見られない景観が広がっている。

　温暖で湿潤な琉球弧の気候は、海洋とのつながりが深い。沖縄トラフの側では黒潮が北上しており、海洋から大気への熱の移動が卓越するとともに、多量の水蒸気が供給される。また、アジアモンスーンの影響を受け、日本の本土ほどははっきりしないものの、気象要素の季節変動がある。熱帯低気圧から発達した台風による被害も頻発する。これらの気象現象により、大気大循環において亜熱帯高圧帯が形成される緯度帯に位置するにも関わらず、降水活動は活発である。その一方で、年々の降水量変動が大きいため、干ばつも発生しやすい。

　石灰岩地域と非石灰岩地域では、岩石・鉱物の化学組成や水循環に起因する土壌の違いが顕著である。石灰岩からなる地表面では降水が浸透しやすく、地表流が発生しにくいため、水に乏しい環境にも適応できる生物しか生育できない。一方、石灰岩のない地域には河川や森林が発達しやすい。土壌は、石灰岩地域ではアルカリ性、非石灰岩地域では酸性になりやすいため、共通する気候条件にあっても生育する植生が大きく異なる。

　第四紀の気候変動、特に更新世の氷期－間氷期の繰り返しによる激しい氷床変動と海面変動は、琉球弧の海岸を大きく変化させた。琉球弧の島々は、トカラ凹地と慶良間海裂を境に北琉球・中琉球・南琉球の3つの地域にわけることができる。これらの境界は、氷期に海面が大きく低下しても陸続きにはならず、生物の移動が阻まれてきた。こうした第四紀の地史は固有の生物をもたらし、現在に続く生物の分布や種の多様性にも多大な影響を及ぼしている。

考古・文化

　琉球弧の文化は、さまざまな自然環境と人間活動の結果として、日本の本土とは異なる地域性をつくりあげている。海洋に囲まれた琉球弧の自然環境は、黒潮の文化を育み、本部半島の海洋博公園ではさまざまな海の自然や文化を学ぶことができる。また、この地域の建造物には、琉球石灰岩と呼ばれる第四系の石灰岩が広く利用される。琉球王国の歴史を学ぶことのできる首里城公園をはじめ、世界文化遺産の「琉球王国のグスクと関連遺産群」にも琉球石灰岩が使われているものが多い。

　集落の景観や土地利用も、琉球弧の風土を象徴している。多くの水を必要とする水田は、小規模な河川が形成した低地にほぼ限られ、水稲栽培は盛んではない。石灰岩が隆起した海成段丘ではサトウキビが広く栽培され、基盤岩が風化した酸性の土壌ではパイナップルや茶が栽培されることが多い。伝統的な住居が残されている集落もある。この地域の家屋には、ユーラシア大陸からの風成塵が堆積したレスを多く含んだ土壌が利用されてきた。伝統的な住居には、この土壌とサンゴが用いられ、屋敷囲いの石垣が見られることが多い。これらの景観は、台風をはじめとする気象災害に適応してきた風土を反映している。

　琉球石灰岩が分布する沖縄島南部では、ヒトの大型化石が見つかっている。化石の年代は最終氷期にあたる約2万年前を示し、日本人の起源をたどるうえでも注目されている。ヒトの化石が産出された場所は、第四系の断層帯と見られる。ヒトの大型化石が現地性の化石として保存され続けたことは、石灰岩が風化した土壌がアルカリ性であることをはじめ、石灰岩地域の物理的・化学的な環境も関係している。

　琉球王国時代、この地域は中継貿易で栄え、東アジアと東南アジア、さらには太平洋の島嶼を結ぶ海上交通の要衝でもあった。アジア太平洋地域における琉球弧の位置は、現在では軍事上の意義として地政学的に語られることも多い。しかし一方で、自然環境にうまく適応しながら、そしてさまざまな文化を拒絶せずに取り込みながら、琉球弧の地域性を形成してきた歴史もある。

（尾方隆幸）

コラム4 カルスト

　石灰岩が分布する地域には、カルスト地形と呼ばれる特徴的な景観が広がる。石灰岩からなる地表面は、大気中の二酸化炭素を含んで弱酸性になった降雨によって溶食される。石灰岩は降雨の多くを浸透させるが、土壌中には二酸化炭素が多く含まれるため、地中水も石灰岩を溶解する。これらのプロセスによって、鍾乳洞やドリーネなどのカルスト地形が形成される。

　九州・沖縄では、気候条件の違いがカルスト地形の多様性をもたらすという仮説のもと、数多くの研究が行われてきた。これらの研究では、なだらかな台地の広がる平尾台（写真1）や、やや急峻な円錐カルストが分布する本部半島（写真2）などで野外調査が行われた。その結果、土壌中の二酸化炭素濃度が石灰岩の化学的風化をコントロールし、それが地形にあらわれているという解釈が定着した。つまり、傾斜の小さい九州のカルストと、傾斜の大きい沖縄のカルストは、気候条件に起因した地形の違いと考えられている。

　しかしながら、地形を形成するプロセスは、気候条件のみではなく地質条件などの影響も強く受ける。平尾台と本部半島は、それぞれ秋吉帯と秩父帯に位置するため、構造帯が異なっている。また、露頭をよく観察すれば、前者が塊状の石灰岩であるのに対して、後者は層状の石灰岩であることもわかる。地質条件の異なる所で気候条件のみを比較しても、地形プロセスは解明されない。特に、本部半島のような層状の石灰岩は、化学的な溶解だけでは

写真1　九州・平尾台（2013年10月撮影）

写真2　沖縄・本部半島（2009年4月撮影）

なく物理的な破砕も受けやすいはずで、これらの組み合わせで地形プロセスを理解することが重要である。

　海外に目を転じてみると、さまざまなタイプの石灰岩が、実に多様なカルスト地形を形成していることがわかる。中国雲南の石林ジオパークでは大規模なピナクルがそびえたち（写真3）、ベトナムのハロン湾ではタワーカルストが海に沈んでいる（写真4）。フィリピンでは、ルソン島とビサヤ諸島で斜面の形が異なる残丘地形がみられる（写真5、6）。カルスト多様性といってもよいこれらの景観を合理的に説明できる地球科学的な学説は、未だに存在しない。

（尾方隆幸）

写真3　中国・石林（2011年12月撮影）

写真4　ベトナム・ハロン湾（2015年4月撮影）

写真5　フィリピン・ルソン（2015年3月撮影）

写真6　フィリピン・ビサヤ（2014年9月撮影）

コラム5 持続可能な開発（sustainable development）

　ジオパークプログラムは、地学的遺産の保全と賢明な利用（wise use）を通して地域の持続可能な開発を目指している。この「持続可能な開発」とは、それまで対立するものとして議論されてきた開発と自然環境の保全との双方を両立させようとする考え方である。1992年の「環境と開発に関する国連会議」において合意されたリオ宣言は、この持続可能な開発という考え方が基本になっている。

　1960年代より、世界では先進国と発展途上国間の経済格差や政治問題が顕在化していった。いわゆる南北問題である。この頃、世界各地で環境の問題が深刻化していった。熱帯雨林の破壊や、地下資源の過剰利用、水質・大気・土壌の汚染、公害の発生などである。環境問題の発生は、工業化に伴う開発行為と関係がある。工業開発を規制すれば、環境問題の多くは解決する。しかし、そうした国では、自国の経済発展を阻害するような規制をすることはない。産業革命期以降、西欧諸国は地下資源を採掘し、土地を切り開いて産業を発展させ工業国となり、その過程で様々な環境問題を起こしてきた。そうした歴史がある中で、現在環境問題を引き起こしているからといって発展途上国に厳しい開発規制をかけるというのは、不公平であり、当事者である発展途上国としては、そうした考えは受け入れられないものであろう。

　こうした背景があるため、環境問題の解決と同時に、南北問題の解決も図らなければならない。その問題解決の方法として、「持続可能な開発」という考え方が生み出されたのである。

　ジオパークにおける地学的資源の保全の考え方は、旧来の地下資源の利用方法と逆の考え方である。そのものがそこにあることの価値を科学によって見出し、それを多くの人に伝え、その資源を消費しないジオツーリズムといった産業で、経済活動を進めていく。そうした実践のノウハウを蓄積し試行錯誤を繰り返しながら、これからの社会のモデルをつくっていく。地下資源に頼らない、人類が生き延びていくためのよりよい方法が、ジオパークでの実践の中から生まれてくるはずである。

（目代邦康）

Ⅲ 中国地方

写真解説は 156 ページ

❶ Mine 秋吉台ジオパーク

日本最大級のカルスト台地とそこに暮らす人々

図1 Mine 秋吉台ジオパークの地形と位置図
北海道地図株式会社「地形陰影図」に加筆

ジオツアーコース

Stop 1：	**プレート運動でできた石灰岩のつくる地形**	秋吉台カルスト展望台
Stop 2：	草原地帯に残るオアシス跡	長者ヶ森
Stop 3：	**カルスト台地で見られる耕作地**	帰水ウバーレの**ドリーネ畑**
Stop 4：	**カルスト地下水系のつくる地下空間**	秋芳洞
Stop 5：	非石灰岩地帯の湧水とその利用	別府弁天池
Stop 6：	**ウバーレ集落に住む人々**	江原ウバーレと集落

ジオヒストリー	先カンブリア	古生代	サンゴ礁の成長 （3.4～2.6億年前）	石灰岩の大陸への衝突 （2.5億年前） 中生代	新生代
（年前）	46億	5億		2.5億　　　　6600万	500万

Mine 秋吉台ジオパークは、山口県西部に位置する（図1）。本地域の中央部には日本最大級のカルスト台地である秋吉台が広がり、地表にはドリーネと呼ばれるカルスト地形特有のすり鉢状の凹地が、地下には鍾乳洞が多数見られる。秋吉台は、ほぼ中央部を南北に流れる厚東川によって東台と西台にわけられ、その土地利用は両者で大きく異なる。東台は、特別天然記念物や国定公園に指定されるなど自然環境を保全するエリアである。また、国内では数少ない草原環境が人々の手によって守られ、草原性動植物の貴重な生息・生育場所となっている。一方西台は、石灰石の採石場や放牧場に利用されるなど、本地域の産業を支えてきた。ほかにも、2つ以上のドリーネが連結してできたウバーレの中に発達した集落など、カルスト地形を活かした人々の暮らしを随所に見ることができる。

秋吉台の過去と現在

　秋吉台東台の南端に位置する秋吉台カルスト展望台（Stop 1）では、一面に広がる草原や、草の間から見える白～灰色をした無数の岩の柱、窪みを眼下に見ることができる（写真1）。この草原は、草原性動植物の貴重な生息・生育地となっている。動物ではチョウ目のオオウラギンヒョウモンをはじめとするバッタ目のバッタ科やコオロギ科、植物ではセンボンヤリ（3～4月）やムラサキ（5～7月）、リンドウ（10～11月）などが代表的である。実は、この草原環境は、自然と保たれているわけではない。毎年2月に地域住民な

写真1　秋吉台カルスト展望台（Stop 1）からの眺め　（2014年5月撮影）

秋吉台のカルスト化の進行
（数100万年前～現在）

新生代

10万　　　　　1万　　　　　　　　　　　現在

ど約1000名が草原の周囲から一斉に火をつける「秋吉台の山焼き」を行うことで、この環境は維持されているのである。この秋吉台特有の一斉の火入れは、大正14（1925）年に旧日本陸軍が初めて行ったといわれている。これは、当時の東台の一部は大田演習場と呼ばれる陸軍の砲兵・歩兵部隊の演習地になっていたからで、昭和20（1945）年の敗戦を迎えるまで使用された。この場所は戦後に周辺町村に返還されたが、その後ニュージーランド軍によって強制接収され、次いでアメリカ軍が進駐して実弾射撃演習を行った。その痕跡は砲台の跡地や地面に落ちている銃弾など現在でも見ることができる。

　昭和30（1955）年には、アメリカ軍から秋吉台を爆撃演習場とする申し入れがあり、地域住民はもちろん、秋芳・美東両町（当時）や山口県、また各地の大学や国内外の学会など官民学が一体となって反対運動を起こした。その結果、昭和32（1957）年に爆撃演習場計画の撤回と大田演習場の返還が実現した。これらの経緯から、地域住民の保全意識は昔から高く、現在でもいくつもの保全団体が活動を行っている。

　展望台から草原地帯を正面に見て、右手にある白い建物は、美祢市立秋吉台科学博物館である。爆撃演習場計画が契機となり、秋吉台の自然保護と学術研究を行う機関の必要性から設立された。この博物館は、秋吉台地域の自然や文化に関する展示はもちろん、地域に根ざした自然史博物館として、地域の学術研究機関や自然保護団体などと連携した活動を行っている。また、Mine秋吉台ジオパークの拠点施設でもあり、ジオサイトやイベント、ほかのジオパークの情報などを得ることができる。

プレート運動によって運ばれてきた石灰岩

　展望台周辺を少し散策してみると、無数に存在する岩の柱がある。その際に汚れていない岩の表面をよく見ると、直径1〜2 cm程度の白色円形で、細かい線が中心から外にのびているもの（写真2）や、直径数mm程度の白色米粒形のものなどを見つけることができる。これらはかつてサンゴ礁を形成していた生物の化石で、前者はサンゴ、後者はフズリナという生物である。秋吉台に広がる白〜灰色の岩は全て生物の死骸から成り立っており、石灰岩と呼ばれる岩石である。

石灰岩は、物理的な侵食には強いが、二酸化炭素を含む酸性の雨水や地表水と反応して溶解する性質をもつ。この石灰岩が溶解される現象は溶食という。地面に空いた窪みは、石灰岩表面や内部で割れ目が発達する所に、雨水や地表水が集中して流れ込むことによって溶食され、形成される。窪みは規模によって名

写真2　石灰岩の表面に見られるサンゴの化石
（2014年5月撮影）

称が異なり、形成初期のものをドリーネ、溶食が進んで2つ以上のドリーネが連結したものをウバーレ、窪地の底面が地下水面まで到達し、湧水が見られるものをポリエという。このような独特の風景や文化をつくり出している石灰岩地帯特有の地形はカルスト地形と呼ばれ、秋吉台では数百万年前頃から形成されはじめたと考えられている。

　では、ここの石灰岩はどのようにしてできたものだろうか？地質構造や石灰岩中の化石などを調べた結果、石灰岩は大陸から遠く離れた所に位置する、海洋中の海山頂部や斜面で成長したサンゴ礁が、3億4000万年前～2億6000万年前までの8000万年もの長い年月をかけて堆積してできたことがわかった。石灰岩を乗せた海山は、海洋プレートの動きによって移動し、2億5000万年前に大陸の底部に衝突した。その後、石灰岩はプレート運動などによって地表まで運ばれ、溶食作用を受けて現在見られるカルスト地形を形作ったのである。

　石灰岩は、周辺住民だけにその恵みを与えているわけではない。石灰岩の主成分である炭酸カルシウム（$CaCO_3$）が二酸化炭素（CO_2）を含むことは、地球の大気の二酸化炭素濃度が地球近辺の惑星に比べて低い要因の1つである。すなわち、石灰岩は地球の温室効果を抑える大きな効果を担っており、地球で生命が繁栄するもととなったともいえる。

　石灰岩のもととなるサンゴ礁は、非常に長い年月をかけて大洋域で連続的

に堆積し、陸源物質の混入を受けずに海面付近に長期間留まり続けた。したがって、石灰岩を詳しく調べることは、サンゴ礁が形成された時代の気候や海水準変動など過去の地球環境の解明することができる。そうして得られたデータは、将来の地球環境の予測などに大いに役立つ。このように、秋吉台のカルスト台地は地球上の全生物に対して様々な恩恵を与えている。そのことを知って、今一度、眼下に広がる風景を見てもらえば、長い地球の歴史と、そこでの絶妙なバランスを感じることができるだろう。

草原地帯での人々の営み

　秋吉台東台の草原地帯をほぼ南北に走るカルストロードを通ると、所々に樹木が育っているのがわかる。その樹木の根元を見てみると、大きな石灰岩がある場合が多い。これは、大きな石灰岩が壁となって、その部分だけ山焼きの火がまわらずに草木が成長してしまったからである。

　展望台からカルストロードを進むと、左手に、たくさんの樹木が1カ所にまとまって生えている場所が見えてくる。そこは長者ヶ森（Stop 2）と呼ばれ、草原地帯における唯一の森林である。ヤブツバキやタブノキをはじめとする常緑樹を主とし、イヌビワやクマノミズキといった落葉樹など350本が、直径50 mの範囲内に密生する。長者ヶ森という地名は、長者にまつわる数々の伝説が由来となっているが、いずれも長者が没落する話である。森の中には小祠があり、地域住民は昔から長者ヶ森を地主神として祀ってきた。毎年12月初めの休日には、山焼きの火が森に燃え移らないようにするための火道切りが、地域住民の手によって行われている。

　長者ヶ森は交通の難所におけるオアシス的な役割を担っていたとされる。秋吉台は山陽側と山陰側、山口市と県北西部を結ぶ中央に位置することから、村人や旅人たちは各地間を結ぶ近道として秋吉台を横断していた。しかし、秋吉台は広大でなだらかな平面であることから、通行人を迷わせることがたびたびあった。そのため、通行時の最大の目標として長者ヶ森は尊ばれたのである。ちなみに、長者ヶ森近くの垰（たお）（峠の意）には、交通の難所でおきた事故の被害者への供養として、またそこでの無事故を祈る江戸時代の3体の地蔵が祀られている。

写真3 帰水ウバーレに広がるドリーネ畑 (2014年5月撮影)

　長者ヶ森を過ぎて、さらにカルストロードを進むと、道路の右側は比高100 m弱の崖となっている。ここは帰水（かえりみず）ウバーレと呼ばれる場所で、谷底から水が湧き出た後に、十数m流れて再び地中に吸い込まれることからその名がついた。東京帝国大学（現東京大学）の小澤儀明博士が、石灰岩から産出する化石の調査から、地層の逆転構造を発見した場所でもある。

　帰水ウバーレを道路から眺めると、草原の中に耕作地が見える。これはドリーネ耕作と呼ばれ、ドリーネの底が比較的平坦であることや、風や豪雨の氾濫の被害が少ないことを利用したものである（Stop 3、写真3）。ドリーネの底には、主に石灰岩が風化してできた赤色の粘土質土壌が堆積しており、そこでは主にゴボウやサ

写真4 重機を使用してゴボウを収穫する様子 (2011年11月撮影)

Mine秋吉台

トイモなどの根菜類が栽培されている。特に、ゴボウは地域の特産品となっている。粘土質土壌においてゴボウは育成に時間がかかり、収穫の際には重機の使用が必須である（写真4）。収穫は大変であるが、コクのある風味豊かなゴボウができあがる。ドリーネ耕作は、昭和40（1965）年頃までは多くのドリーネで行われていたが、現在は数カ所で行われるのみである。

カルスト地下水系と秋芳洞

　秋吉台の台地上には、どこにも河川が見当たらない。では、台地上に降った雨水はどこへ流れるのか。実はドリーネやウバーレの底から地下に向かって流れていくのである。そのため、カルスト台地の内部には複雑な地下水系が発達している。地下水の流れは、トレーサー（追跡子）や水位計を使用して調べられている。東台では、南部の秋芳洞周辺から流出する水系と、北西部の秋芳町青景地区周辺から流出する水系とにわかれる。これらの地下水系により、秋吉台の地下には鍾乳洞が発達している。現在、453カ所で見つかっていて、そのうちで最大のものが秋芳洞である（Stop 4）。

　秋芳洞は、長さが約9 km、空間の広さが日本最大級の鍾乳洞で、昭和27（1952）年に国の特別天然記念物に指定された。カルスト地下水系の下流にあたるため、現在も地下河川の水量が豊富である。洞の正面入口を見ると、水が洞内から滝のように流れ出していることから、古来は瀧穴と呼ばれていた。大正15（1926）年に、当時の皇太子（後の昭和天皇）が瀧穴を探勝し、村名にちなんで秋芳洞(あきよしどう)と命名された。

　秋芳洞は、全長約9 kmのうち約1 kmが観光コースとして整備されている（図2）。洞内を見学する際は、1. **溶食形態と崩落跡**、2. **多様な洞窟生成物**、3. **洞窟生物と保全**の3点について、特に注目してほしい。

1. 溶食形態と崩落跡

　鍾乳洞は、一般的に石灰岩の溶食と崩落の繰り返しにより空間を拡大していく。秋芳洞では長淵や広庭の天井付近に溶食の跡がよく保存されている。また千町田の先で通路が直角左方向に曲がっている部分の前方に、巨大な岩の塊が見られる。これは、天井の形と岩の上部の形が似ているので、大規模な崩落跡であるといわれている。

2. 多様な洞窟生成物

　秋芳洞は、前述のとおり地下水系の下流にあたるため、洞内を流れる水が炭酸カルシウムを多く含む。そのため、洞内には鍾乳石などの洞窟生成物が多数見られる。例えば、田の畦に似た形のリムストーンがいくつも見られる百枚皿や壁一面に成長したフローストーンの黄金柱も鍾乳石の1種である（写真5）。

3. 洞窟生物と保全

　鍾乳洞の内部は、一般的に光量に乏しく、温度が一定で高湿度となる特殊な環境であるため、その環境に適応した動物が多数生息している。例えば、5～8月にかけてはコウモリが見られる。また、運が良ければ、千町田で目の退化したヨコエビを見つけることができるかもしれない。

　このような洞窟生物の多様さと独特な地下水系が認められ、平成17（2005）年には秋吉台地下水系としてラムサール条約の登録湿地となった。しかし、明治42（1909）年の瀧穴開窟式以降、

図2　秋芳洞の観光コース概略図

写真5　秋芳洞（2013年3月撮影）

観光に利用されてきた秋芳洞では、本来の自然な姿ではなくなってきている部分もある。例えば、洞内の照明付近に見られる緑色のコケ植物やカビなどである。自然環境の保全と観光での利用との両立について、管理者と利用者がともに考えていかなければならない。

湧水の利用とウバーレ集落

　秋吉台に発達するカルスト地下水系は、台地上の雨水を吸い込むだけではない。台地上では、帰水ウバーレのように水が湧き出す所もある。一方、秋吉台周辺の非石灰岩地帯には、カルスト地下水系とは関係のない湧水がいくつか存在し、その代表が別府弁天池である（Stop 5）。別府弁天池は周囲 40 m、水深 4 m の池で、湖底から絶え間なく水が湧いている。池周辺の川は、通常は水の流れない涸れ川が多く、この湧水は古くから周辺集落の生活を支える貴重な水源である。そのため、池の水がこの地域全般に行き渡るように、一の井手から五の井手までの 5 つの水系で配分され、各水系の水量は「やた」と呼ばれる堰によって調節される（写真 6）。やたは竹や柴の束を重ねて、そ

写真 6　写真奥の二の井手川へ流れる水量を調節する「やた」
写真は新しく設置し直された 2014 年 5 月 15 日当日に撮影

の上に石を置いたもので、水が竹や柴の隙間から下流へ流れ出る仕組みである。毎年5月15日になると、水年寄と呼ばれる水利権の代表者が集まり、新しい竹や柴を使って、やたを設置し直す。そして、この日以外は、誰もやたに触れることはできない。

　では、なぜここに豊富な量の水が湧き出すのか？実は、別府弁天池はチャートという岩石と、堆積岩（砂岩や頁岩など）との境界をなす断層の直上に位置する。チャートは割れ目が多く、そこを通って水が流れていく。それに比べて堆積岩は、水を通しにくい。チャートの割れ目を流れてきた地下水が、堆積岩にぶつかって行き場を失った結果、断層に沿って湧き出ているのである（溝部・田中2005）。池周辺に涸れ川が多いのも、チャートの分布範囲では、雨水が地表に溜まらず、地下に染みこんでしまうためである。

　別府弁天池は、昭和60（1985）年に環境省選定の名水百選に選ばれ、毎日多くの人が水を汲みにくる。また、池の横には湧水を利用した市営の養鱒場があり、釣り堀でニジマスを釣ることもできる。釣ったニジマスは、弁天池周辺の料理屋で調理してもらえる。

　別府弁天池の南側に見える山は、ちょうど秋吉台西台の北端にあたる。西台は主に石灰石の採石場などの産業に利用されている地域であるが、ここには不思議な光景の広がる集落が存在する。美祢市秋芳町江原(よわら)地区（Stop 6、写真7）は、谷状地形の内部に家屋が密集し、河川が見当たらない。ここは、ウバーレの中で発展してきた集落で、ウバーレの底部に家屋が建ち並ぶ、いわばほかの集落から隔離された状態になっている。雨水は集落内にある複数の「吸い込み穴」と呼ばれる縦穴に流れてしまうため、水をめぐる生活上の不都合が大きい。そのため、農業は畑作中心で、水稲作はほとんどない。また、秋芳町内で最も早く簡易水道が敷設された地区の1つであり、その水は弁天池の湧水が利用されている。

　集落は、谷の北側の「上(かみ)」と、南側の「下(しも)」との2つの組にわかれており、上では蛇を、下では蛙を祀る、「もりさま」神事が行われる。どちらもムクノキの老樹が神木である。なぜ蛇と蛙なのかという点については、よくわかっていない。

　江原集落の成因やその時期については、平家伝説に近い伝承が残っている

写真 7 ウバーレの中に広がる江原集落 （2013 年 6 月撮影）

が、証明はされていない。現在では、慶長 20（1615）年の大坂夏の陣で敗れた浪士や近隣農民が入植したことが、集落の起源ではないかといわれているが、こちらもはっきりとした確証はない。

Mine 秋吉台ジオパークで伝えたいこと・感じてほしいこと

　秋吉台のカルスト台地をつくる石灰岩は、約 3 億年前に大洋域で成長したサンゴ礁がプレート運動によって運ばれてきたものである。このことは、Mine 秋吉台ジオパークを語る上で外せない内容であり、地域住民の暮らしはこの上に成り立っている。エリア内には石灰岩以外にも、無煙炭や銅鉱床といった地域の歴史と関わりの深い大地が広がり、これらもプレート運動の恩恵を受けてできた。Mine 秋吉台ジオパークでは、地域住民はもちろん来訪者に対して、これらのことを最も知ってほしいと考えている。また、地球からの恵みは、その地域に住む人々にのみもたらされているのではなく、全ての生物に与えられている。Mine 秋吉台ジオパークでのジオツアーが、そ

のことを認識してもらう機会となり、将来にわたってその遺産を残していくために、何ができるか探してもらいたいと考えている。

（小原北士）

【参考文献】
- 秋枝顕治（2007）弁天川の水利慣行と下嘉万落水の文書について．秋芳町地方文化研究 43，1–42．
- 藏本隆博（2011）秋吉台の地名と地名地図作成．秋吉台科学博物館報告 46，45–60．
- 藏本隆博（2014）秋吉台入会地火入れと山焼き．秋芳町地方文化研究 50，11–24．
- 佐野弘好・杦山哲男・長井孝一・上野勝美・中澤 努・藤川将之（2009）秋吉石灰岩から読み取る石炭・ペルム紀の古環境変動－美祢市（旧秋芳町）秋吉台科学博物館創立 50 周年記念巡検－．地質学雑誌 115 補遺，71–88．
- 梅光女学院大学地域文化研究所編（1998）フィールドワーク江原．地域文化研究 13，1–55．
- 溝部かずみ・田中和広（2005）山口県秋芳町別府弁天池の地下水環境と広域地下水流動．日本応用地質学会研究発表会講演論文集，445–448．

【問い合わせ先・関連施設】
- 美祢市立秋吉台科学博物館、美祢市教育委員会事務局世界ジオパーク推進課（Mine 秋吉台ジオパーク推進協議会事務局）山口県美祢市秋芳町秋吉 1237-938
☎0837-62-0640（博物館に関すること）、☎0837-63-0055（ジオパークに関すること）
休館日：毎週月曜日（祝日の場合は翌日）、年末年始（12 月 28 日〜1 月 4 日）

【注意事項】
- 各見学地点に訪れる際には、ジオガイドの同行をおすすめします。ガイドの可否や料金などについては、Mine 秋吉台ジオパーク推進協議会事務局（☎0837-63-0055）までお問い合わせください。
- 秋吉台（東台：Stop 1 〜 3）および秋芳洞（Stop 4）は特別天然記念物に指定されていますので、岩石や動植物の採集は禁止されています。
- 江原地区（Stop 6）は、地域住民の生活の場となっています。住民のプライバシーに配慮し、マナーを守って散策してください。また大型バスの転回ができません。

【地形図】
2.5 万分の 1 地形図「秋吉台北部」「秋吉台」「於福」

【位置情報】
Stop 1：34°14'06"N，131°18'21"E 　　秋吉台カルスト展望台
Stop 2：34°15'18"N，131°18'54"E 　　長者ヶ森
Stop 3：34°15'45"N，131°19'10"E 　　帰水ウバーレのドリーネ畑（遠景）
Stop 4：34°13'41"N，131°18'12"E 　　秋芳洞
Stop 5：34°15'19"N，131°14'42"E 　　別府弁天池
Stop 6：34°13'46"N，131°14'07"E 　　江原ウバーレと集落

コラム6 変成岩

　岩石は、マグマが冷えて固まってできる火成岩、続成作用によってできる堆積岩、そして既存の岩石を構成する鉱物の組み合わせや岩石の組織が変化することでできる変成岩の3種類に大別される。

　鉱物の組み合わせや岩石の組織の変化を再結晶といい、この再結晶作用が起こる過程のことを変成作用という。変成作用によってどのような鉱物の組み合わせになるかは、岩石の化学組成や、変成作用が起こるときの温度や圧力や隙間にある流体の化学組成など岩石周囲の環境によって決まる。

　変成岩をつくり出す岩石周囲の環境変化には、次の3つの原因がある。1つ目は、プレートの移動により岩石が地球内部に運ばれることである。地球表面はいくつかのプレートにわかれており、それらが動くことで火山活動や造山運動などの現象が起こると考えられている。プレートの境界部分では、海洋プレートの沈み込みや、大陸プレート同士の衝突が起こっている。このような場所では、岩石が地球内部に運ばれることで岩石周囲の環境が変化し、変成岩ができている。こうしてできた変成岩は地球内部の広域的な温度構造を反映した変成作用を被っている。このような変成作用は広域変成作用と呼ばれ、できた岩石は広域変成岩と呼ばれる。日本の広域変成岩はプレートの沈み込む場所でできたものが多いため、プレート境界に沿うように広く分布している。2つ目は、地下深部で融けた岩石であるマグマが地下の岩石の割れ目に入り込むこと（貫入）である。岩石の割れ目にマグマが大量に入り込むと、その割れ目の周囲の温度が上昇し、マグマの近くにある岩石の環境が変わり変成岩がつくられる。このような変成作用は接触変成作用と呼ばれ、できた変成岩は接触変成岩と呼ばれる。3つ目の原因は、隕石の衝突である。隕石が地球の表面に落ちると、とても短い時間に狭い範囲で超高圧、超高温の環境ができる。このような作用は衝撃変成作用と呼ばれる。隕石の衝突は地球の岩石だけではなく、落ちてきた隕石自身にも影響を与えることがある。

　変成岩がいつどのような環境下でできたのか、また、どのようにして地表に出てきたのかを調べることで、過去の地球内部の様子や岩石の移動を紐解くことができる。変成岩には地球の記憶が刻み込まれている。　　（山﨑由貴子）

① 比較的高温の条件下でできた変成岩の露頭（スリランカ）。赤く見える鉱物がガーネット。

② 大きく褶曲した岩石の露頭（スリランカ）。地下で強い圧力を受けてゆっくり変形し、このような曲がった構造ができる。

③ 変形した石英脈が入った変成岩（福岡県）。岩石の割れ目にできた脈状の石英が、圧力を受けて褶曲したり千切れたりしている。このような千切れた構造は、ブーディン構造といわれる。

玄武岩の中のかんらん岩（佐賀県）。緑色に見える部分がかんらん岩で、地球内部の物質（マントル）である。マグマが地下深くから上昇するときにマントルを取り込み、そのまま上昇し、このような産状になった。

偏光板を通して見たかんらん岩の顕微鏡写真。かんらん岩に多く含まれるかんらん石という鉱物は、偏光板を通して見ると、ステンドグラスのように色とりどりに見える。

レンズ状に割れ目の入った変成岩（福岡県）。黄緑色に見える部分は、エピドートという鉱物が多く含まれている。海の中で噴出した溶岩が固まり、その後地下の深い所で変成岩になったものだといわれている。

偏光板を通してみたエピドートの多い部分の顕微鏡写真。比較的大きなエピドートの結晶が鮮やかなピンクや黄緑色に見える。どのような色に見えるかは、鉱物の種類や向きなどによって異なる。

コラム7 石炭

　石炭は、第二次世界大戦までは世界のエネルギー資源の約80％を占めていた。石炭の生産は、当時の地質学に多くの影響を与えていた。例えば世界最初の地質図は、英国の石炭層をウイリアム・スミスが丹念に追跡することでつくられた。戦後、エネルギー資源の主役の座を石油にとって変わられたが、石炭は現在も、世界の一次エネルギーの約25％を担い、製鉄や電力などの分野において、私たちの暮らしを支えている。世界の石炭はアメリカ、中国、ロシアなどに偏在している。日本にも石炭はあるもののその埋蔵量は多くはなく、大半をオーストラリアなどから輸入している。2014年度には、約1億9000万tの石炭を輸入している。

　世界の石炭の多くは、今から3.6〜3億年前の石炭紀という地質時代に形成された。石炭は、植物が湖や沼などに堆積して地層となり、地中の熱や圧力の影響で次第に炭素が濃集して形成されたものである。従って、当時には沢山の植物が繁茂し、大森林が形成されていたと考えられている。日本で最も古い石炭は、山口県の美祢地域のもので、今から2.3億年前の三畳紀に形成された。有名な北海道の石狩炭田と九州の筑豊炭田は、もっと新しい時代のもので、いずれも今から5000万年前の古第三紀に形成されている。

　石炭紀、三畳紀、古第三紀という地質年代を並べてみると、不思議なことに気づく。それは大量絶滅との関係だ。生命は5億年前の生命の大爆発以降、進化・発展しながら、現在までに5回の大量絶滅期を経験した。オルドビス紀末、デボン紀後期、ペルム紀末、三畳紀末、白亜紀末である。白亜紀末は恐竜が絶滅したことで有名だが、そのほかの時期も多くの生物が絶滅した。石炭紀はデボン紀後期の絶滅期のあと、三畳紀はペルム紀末の絶滅期のあと、古第三紀は白亜紀末の絶滅期のあとにあたる。これは、偶然なのだろうか？ 生物が大量に絶滅し、わずかに生き残った生物が少しずつ復活していったのち、石炭のもととなる大森林が形成される。そして、その生命の大復活の恩恵を、その子孫である我々人間が受けている。その不思議さに感謝しつつ、石炭を環境破壊に使わないように上手に使っていく必要がある。

（脇田浩二）

コラム8 石灰岩

　石灰岩は、日本で自給できる数少ない資源である。日本全国に石灰岩が分布しており、現在200以上の石灰岩鉱山が稼働している。石灰岩は、セメントの主な原料で、コンクリートの建造物に利用されるほか、骨材として道路や鉄道などに用いられている。また、あまり知られていないが、製鉄において不純物を取り除くために重要な役割を果たしている。

　石灰岩は、炭酸カルシウム（$CaCO_3$）からなる岩石の名称である。石灰岩が資源として扱われる場合には石灰石と呼ばれている。この石灰石から生成される石灰には、生石灰と消石灰とがある。運動会などで使う石灰（ラインパウダー）は、石灰石を物理的に粉砕したり、化学的に反応させてつくられる。

　日本にある石灰岩の大半は、石炭紀からペルム紀に形成された岩石である。この時期は温暖な気候で、石灰質の殻をもつ多くの生物の遺骸が浅瀬で礁を形成していた。同じ時代の石灰岩は、世界遺産であるベトナムのハロン湾などにも存在するが、ベトナムの石灰岩は大陸の縁の浅瀬で形成されたのに対して、日本の石灰岩の多くは火山島の頂部に形成された礁を起源としている。しかも、この火山島は日本から1万数千kmも離れた太平洋（あるいは古太平洋）に存在していた。この火山島は石灰質の殻を持った化石でできた礁を頭にのせたまま、海洋プレートの運動によって数千万年もの間、日本に向かって移動を続け、ついには日本にたどり着いた。そして、周囲の土砂とともに陸地に付加され、新しい大地として日本の基盤を形成していった。地下での温度や圧力の影響で石灰礁は次第に石灰岩となり、地表にあらわれることで我々の貴重な資源となってくれているのである。

　太平洋のプレートが沈み込むことで、日本各地で地震が起こり、火山が噴火する。それらは災害となり、私たちをしばしば悩ませる。しかし、このプレートの働きがなければ、石灰岩は我々の手元にはなかった上、石灰岩を取り囲む地盤そのものも存在せず、私たちの生活の場である日本列島そのものも存在しなかったといえる。コンクリートの建物を見るたびに、地球の営みに心を馳せるのも大切なことなのかもしれない。

（脇田浩二）

北海道地図株式会社のジオアート

『桜島・錦江湾ジオパーク ジオアート』

九州エリアのジオアート
①天草ジオパーク
②おおいた豊後大野ジオパーク
③おおいた姫島ジオパーク
④霧島ジオパーク
⑤阿蘇ジオパーク
⑥島原半島ジオパーク

デジタルサイネージ（Digital Signage）

　デジタルサイネージは、電子広告板、電子看板とも呼ばれる情報発信システムです。これまでは主に広告表示のために使われていましたが、ディスプレイの高品質化と低価格化、そしてネットワーク化が急速に進み、現在は、多様な情報の発信ツールとして使われるようになっています。表示される情報は、デジタルデータで格納されているため、多様な表現が可能となります。例えば地図情報であれば、地名や目的地を、英語、中国語（簡体・繁体字）、フランス語、韓国語などの多言語で表示することができ、現在地から目的地までの経路を示すことができます。

　ジオパークでは、拠点施設などへの設置が考えられます。ビジターが行きたいジオサイトを選択すると、そこから目的地までの経路が示され、さらにそのジオサイトの解説や関連情報を示すことができます。高解像度の映像等を表示することができるので、悪天候のときでも、ビューポイントからの風景や鳥瞰図のアニメーション映像などを見せる事ができます。

鳥瞰動画や写真を使ってバーチャルジオツアーを体験できます　　　タッチパネルになっているため直感的に操作できます

多言語マップで外国からの来訪者に対応できます

索引

欧文
Aso-4 火砕流　13,18,19,30
Aso-4 溶結凝灰岩　82,84-86
A層　39
B層　39
C層　39
LGM →最終氷期最寒冷期
O層　39
V字谷　84

あ行
合津石　46
姶良カルデラ　9,15,89,91,92,103
アウストラロピテクス　117
赤い火　90
あか牛　35
アカホヤ　40,103,104,110
秋吉台　131,132
秋芳洞　136
アサギマダラ　73
足跡化石　67
アジアモンスーン　124
阿蘇黄土　34
阿蘇山　9,18,30,56
阿蘇の農耕祭事　34
阿蘇ピンク石　13
阿多カルデラ　9,103
天草石　52
天草陶石　52
新井白石　59
有明海　18,20
安山岩　10,95
アンモナイト　44
硫黄　103,105,111
諫早水害　15
石橋　13,15,47-49,78,80,82,85,86
入戸火砕流→シラス
伊能忠敬　20
イノセラムス　44

イルカ　73
陰樹　96
隕石　142
ウイリアム・スミス　144
臼杵－八代線　9
ウバーレ　131,133,135
瓜生島　14
雲仙岳　9,13,18,26,32
雲仙普賢岳　19,23,24,26,45
エピドート　143
塩害　108
円錐カルスト　121,126
塩田　67,72
大分－熊本構造線　9
オオウラギンヒョウモン　131
大崩山　11
大坂夏の陣　140
沖縄トラフ　9,11,124
小澤儀明　135
オルドビス紀　6,144
温泉水　104-107

か行
ガーネット　143
海食崖　67,69,73,118
海食洞　71,73
海成段丘　118,121,125
開聞岳　56
角閃石　69
加久藤カルデラ　9,55
火口　31,55,60,62,65,94,95,100,114
火口跡　70
鹿児島地溝　9
火砕丘　58
火砕流　10,12,13,23,92,103
火山ガス　31,100,108
火山ガラス　85
火山灰　30,32,36,39,40,60,69,92,98,100,103
火山フロント　11,56

火山礫　60
化石　44,53,67,68,116,123,125,132,133,135,
　　　145
カタクチイワシ　91
傾山　11
活火山　9,18,31,56,64,90,94,96
褐色森林土　39
活断層　9,14
カニ　105
釜の迫堀切　50
韓国岳　55
軽石　12,60,62,85,91,94,104,110
軽石噴火　12,60,62
カルカリナ　123
カルスト　121,126,131,133,134,136,138,140
カルデラ　9,30-32,34,35,41,55,56,82,86,90-
　　　92,94,102-104,106,108,114
カルデラ火山　9,11,13,28
カルデラ噴火　82,86,103,106,115
瓦ヶ炭　51
環境と開発に関する国連会議　128
かんざらし　22
環礁　121
かん水　72
寛政噴火　22
岩屑なだれ　19,20
干拓　50
関東ローム層　118
貫入岩　43,47,48,52,69
鬼界カルデラ　9,12,102,114
九州山地　9,11
九州北部豪雨　15
恐竜　44,144
裾礁　121
キラ炭　51
霧島火山群　9
霧島山　55
空振　60
クジャク　109
九重　9,56
九重連山　9
国頭マージ　39

熊本地震　14
車えび　72
黒ぼく土　39-41
ゲータイト　39
警固断層帯　14
ケスタ地形　44-46
玄武岩　10,105,121,123,143
賢明な利用　128
広域変成岩　142
公害　129
向斜　46
向斜軸　46
鉱泉　69
鉱物　142,143
コウモリ　137
黒曜石　70,71
国立公園　55,67
コケ類　95
古事記　13
古第三紀　116
小林カルデラ　9,55
古墳　34
ゴボウ　135
古文書　59
コモンズ　36
コンボリュートラミナ　68

さ行

再結晶　142
最終氷期　12,125
最終氷期最寒冷期　12,58
坂本龍馬　59,60
砂丘　123
桜島　40,56,88,103,109
砂嘴　123
砂州　67,70
サツマハオリムシ　90
里山　36
残丘　121,123
サンゴ　132
サンゴ礁　10,121,123,133
三畳紀　4,144

山体崩壊　21,22,58
ジオアート　146
ジオガイド　65,141
持続可能な開発　128
絞り出し現象　85
島尻マージ　40
島原・天草一揆　18,19,44,49
島原城　18
島原大変肥後迷惑　18,20,21,26
四万十帯　88,121,123
霜宮神社の火焚き神事　36
褶曲　45,68,123,143
収束境界　121
俊寛　111
準プリニー式噴火　60
性空上人　59
消石灰　145
鍾乳洞　121,131
縄文文化　70,71,103
照葉樹林　12
昭和火口　100
植生　12,39,40,58,59,63,73,94,124
植生遷移　12,59
シラス（入戸火砕流堆積物）　15
シラス台地　91,92,94
地震災害　14
新第三紀　6,116
新田　50
震度　14
新燃岳　55
神話　13,32,34,55,59
水利権　139
水田土　39
スナビキソウ　73
スナメリ　73
生石灰　145
成層火山　58
正断層　9,18
石材　13,35,46,85,86
石西礁湖　121
石炭　11,51,144
石炭紀　6,144

石灰岩　10,40,121,123-127,132-136,140,145
石灰石　145
石器　70,71
接触変成岩　142
セメント　145
扇状地　47,48,97,98
前震　14
草原　12,35-38,117,131,132,134,135
祖母山　11

た行

台風　124
太陽砂　123
第四紀　6,116
大量絶滅　144
高潮被害　15
高千穂神楽　13
高千穂峰　55
滝　84,136
棚底防風石垣群　48
棚田　47
タブノキ　134
タワーカルスト　127
段丘　32,118,121,125
炭鉱　51
炭酸カルシウム　133,137,145
単成火山　69
炭田　144
地衣類　95
地殻変動　11
地下水　21,133,136-139
地質図　10,57,82,122,144
秩父帯　121
チャート　121,123,139
中央構造線　9
柱状節理　82,84,85
九十九島　20
津波　14,20,39,103,115
鶴見岳　9
泥炭土　39
デジタルサイネージ　147
デボン紀　4,144

テフラ　40,41
電子看板　147
電子広告板　147
天然記念物　13,59,68,71,131,136
砥石　52
等重量線図　61
陶石　52
トカラ列島　56
土壌　32,36,39,59,117,124-126,128,135
土壌層位　39
土石流　15,23,25,26,48,96,98,99
ドリーネ　126,131,133,135,136
ドリーネ耕作　135
トリゴニア　44
トレーサー　136
トンボロ　70

な行

長崎大水害　14
流れ山　20,21,58
ナマズ　34
軟体動物　44
南北問題　128
二酸化炭素　133
日本書紀　13
熱水作用　52
熱風　23
ノカイドウ　59
野焼き　36

は行

灰石　85
バキュロジプシナ　123
破局噴火　12,103
白亜紀　4,144
爆発的噴火　100
ハザードマップ　64
ハヤブサ　73
原城　18,19
斑晶　69
干潟　72
被災遺構　26

日奈久断層帯　14
ピナクル　127
姫島の黒曜石産地　71
フィリピン海プレート　9,11,14,121
ブーディン構造　143
付加コンプレックス　10
付加体　10,123
フジバカマ　74
フズリナ　132
布田川断層帯　14
仏像構造線　9,123
風土記　13
ブナ　12
プリニー式噴火　95,104
ブルカノ式噴火　60
フローストーン　137
噴火　12,14,18-20,22,23,26,30-32,34,35,40,
　　　55,59-65,82,86,90-92,94,95,99,100,103,
　　　104,106,110,112,114,115,121
平成5年8月豪雨　15
平野　9,78,84,92,117,118
別府－島原地溝帯　9,14
別府－万年山断層帯　14
ヘマタイト　39
ペルム紀　4,144
ベンガラ　34
変成岩　10,11,142
変成作用　142
防災マップ　64
星砂　123
ポドゾル性土　39
ホモ・サピエンス　117
ボランティア　65
ポリエ　133
梵字　47
本質レンズ　85
本震　14

ま行

磨崖仏　13
マグニチュード　14,19
マグマ　9,11,20,23,45,47,53,62,67-69,91,
　　　114,115,142,143

松島石　46
マントル　143
三池炭鉱　11
ミカン　98
ミサゴ　71,73
宮之浦岳　9
ミヤマキリシマ　12
ムラサキ　131
木目石　52

や行

屋久島　9
やた　138
ヤブツバキ　134
山焼き　132,134
有孔虫　123
湧水　22,23,26,63,133,138,139
ユータキシティック構造　110
ユーラシアプレート　121
由布岳　9
溶岩　58,60,69,70,94-96,100,105,106,108-110,143
溶岩原　94
溶岩台地　106
溶岩ドーム　19,20,23,44,60,69
溶岩流　58

溶結凝灰岩　13,35,82,84-86
陽樹　95
溶食　126,133,136
余震　14

ら行

落葉広葉樹林　12
ラムサール条約　138
リアス海岸　11
陸繋島　123
リムストーン　137
リモナイト　34
竜ケ水　15
隆起サンゴ礁　121
琉球王国　13,125
琉球王国のグスクと関連遺産群　125
琉球海溝　121
琉球弧　121,123-125
琉球石灰岩　123
流紋岩　52,105
流理構造　69
リンドウ　131
レス　125

わ行

若尊カルデラ　90

日本のジオパークの沿革

日付	日本ジオパーク	ユネスコ世界ジオパーク	その他
2007年12月26日			日本ジオパーク連絡協議会発足
2008年5月28日			日本ジオパーク委員会発足
2008年12月8日	アポイ岳、糸魚川、山陰海岸、**島原半島**、洞爺湖有珠山、南アルプス（中央構造線エリア）、室戸		
2009年2月20日			日本ジオパークネットワーク発足
2009年8月22日		糸魚川、**島原半島**、洞爺湖有珠山	
2009年10月28日	**阿蘇**、**天草御所浦**、隠岐、恐竜渓谷ふくい勝山		
2010年9月14日	伊豆大島、白滝、**霧島**		
2010年10月3日		山陰海岸	
2011年9月5日	茨城県北、男鹿半島・大潟、下仁田、秩父、白山手取川、磐梯山		
2011年9月18日		室戸	
2012年9月24日	伊豆半島、銚子、箱根、八峰白神、ゆざわ		
2013年9月9日		隠岐	
2013年9月14日	**おおいた姫島**、**おおいた豊後大野**、**桜島・錦江湾**、佐渡、三陸、四国西予、三笠		
2013年12月16日	とかち鹿追		
2014年8月28日	**天草**、立山黒部、南紀熊野		
2014年9月25日		**阿蘇**	
2014年11月25日			天草御所浦と天草が合併
2014年12月22日	苗場山麓		
2015年9月4日	栗駒山麓、**三島村・鬼界カルデラ**、**Mine秋吉台**		
2015年9月19日		アポイ岳	
2015年11月17日			ユネスコ正式プログラム化

太字で示したジオパークが、本巻に掲載されています。　　　　　　　　　　（2016年5月現在）

本巻の各章は、月刊「地理」（古今書院）に連載された「ジオパークを歩く」の記事に加筆したものと、新たに書き下ろしたものです。連載で掲載された記事は、以下の通りです。

大野希一（2011）ジオパークを歩く（1）島原半島ジオパーク：火山と共生する人々が創る独自の文化と歴史．地理 56 (5), 22-27.

井村隆介（2012）ジオパークを歩く（9）霧島ジオパーク：自然の多様性とそれを育む火山活動．地理 57 (3), 4-9.

梶原宏之（2012）ジオパークを歩く（10）阿蘇ジオパーク：神話息づく世界最大級のカルデラ火山と広大な草原．地理 57 (4), 4-9.

長谷義隆（2012）ジオパークを歩く（12）天草御所浦ジオパーク：恐竜の島まるごと博物館．地理 57 (6), 12-17.

シリーズ監修者

目代邦康（MOKUDAI Kuniyasu）
公益財団法人自然保護助成基金　主任研究員。博士（理学）。専門は地形学、自然保護論。日本ジオパークネットワーク主任研究員。日本地理学会ジオパーク対応委員会委員。日本第四紀学会ジオパーク支援委員会委員。e-journal「ジオパークと地域資源」編集長。銚子ジオパーク学識顧問。IUCN WCPA Geoheritage Specialist Group メンバー。
http://researchmap.jp/kmokudai/

編者

目代邦康

大野希一（OHNO Marekazu）
島原半島ジオパーク協議会事務局　専門員。博士（理学）。専門は火山地質学。日本火山学会ジオパーク支援委員会委員。

福島大輔（FUKUSHIMA Daisuke）
NPO法人桜島ミュージアム　理事長。博士（理学）。専門は、火山学、地質学。桜島・錦江湾ジオパーク推進協議会委員。日本火山学会ジオパーク支援委員会委員。
http://www.sakurajima.gr.jp

執筆者

浅野眞希（ASANO Maki）
筑波大学生命環境系　助教。博士（農学）。専門は、土壌生成学、土壌環境科学。日本ジオパーク委員会委員。日本第四紀学会ジオパーク支援委員会委員。
http://researchmap.jp/read0212994/

石川　徹（ISHIKAWA Toru）
霧島ジオパーク推進連絡協議会。専門は地質学、火山学。

井村隆介（IMURA Ryusuke）
鹿児島大学大学院理工学研究科　准教授。博士（理学）。専門は第四紀地質学。霧島ジオパーク推進連絡協議会顧問。日本火山学会ジオパーク支援委員会委員。
http://www.sci.kagoshima-u.ac.jp/~imura/imura.html

岩本直哉（IWAMOTO Naoya）
銚子市教育部生涯学習スポーツ課ジオパーク推進室　主任学芸員。博士（理学）。専門は地質学、古環境学。日本第四紀学会ジオパーク支援委員会委員。

鵜飼宏明（UGAI Hiroaki）
天草市観光文化部ジオパーク推進室、天草市立御所浦白亜紀資料館　学芸員。博士（理学）。専門は地質学、古生物学。

大岩根　尚（OIWANE Hisahi）
三島村定住促進課　地球科学研究専門職員。博士（環境学）。専門は地質学、海洋地質学。
https://www.researchgate.net/profile/Hisashi_Oiwane/publications

大野希一

尾方隆幸（OGATA Takayuki）
　琉球大学教育学部　准教授。博士（理学）。専門は地形学、水文学。日本第四紀学会ジオパーク支援委員会委員。

小原北士（OBARA Hokuto）
　Mine 秋吉台ジオパーク推進協議会事務局。専門は地質年代学、構造地質学。

梶原宏之（KAJIHARA Hiroyuki）
　阿蘇たにびと博物館　館長（学芸員）。博士（芸術工学）。専門は文化地理学、民俗学。阿蘇ジオパーク推進協議会会員。
　http://researchmap.jp/read0148934/

竹村恵二（TAKEMURA Keiji）
　京都大学地球熱学研究施設　教授。博士（理学）。専門は地熱テクトニクス、第四紀地質学。
　http://www.vgs.kyoto-u.ac.jp/japanese/personal%20page/j-takemura.html

恒賀健太郎（TSUNEGA Kentaro）
　大分県生活環境部自然保護推進室　ジオパーク担当。

豊田徹士（TOYOTA Tetsushi）
　おおいた豊後大野ジオパーク推進室兼豊後大野市歴史民俗資料館。e-journal「ジオパークと地域資源」編集委員。

永田紘樹（NAGATA Kouki）
　北海道地図株式会社。元阿蘇ジオパーク推進協議会事務局。

長谷義隆（HASE Yoshitaka）
　天草市立御所浦白亜紀資料館　館長。理学博士。専門は地質学、自然環境変遷学。天草ジオパーク推進協議会委員。

廣瀬浩司（HIROSE Koji）
　天草市立御所浦白亜紀資料館　参事（学芸員）。専門は古生物学、地質学。

福島大輔

堀内　悠（HORIUCHI Yu）
　姫島村役場企画振興課　専門員。おおいた姫島ジオパーク推進協議会事務局員。博士（理学）。専門は層序学、資源地質学。e-journal「ジオパークと地域資源」編集委員。

目代邦康

山﨑由貴子（YAMASAKI Yukiko）
　湯沢市ジオパーク推進協議会　専門員。博士（理学）。専門は地質学、岩石学。

脇田浩二（WAKITA Koji）
　山口大学大学院創成科学研究科　教授。博士（理学）。専門は付加体地質学、情報地質学。
　http://www.sci.yamaguchi-u.ac.jp/sci/stafflist/wakita

カバー写真

薩摩硫黄島（鹿児島県三島村、三島村・鬼界カルデラジオパーク）

　山頂や山腹から噴気を上げているのは活火山の硫黄岳。島の周囲から湧き出す温泉水によって、沿岸部には変色海水域が広がっている。場所によって湧き出す温泉水の成分が異なっているため、海の色は美しいグラデーションを見せる。変色海水が海に描き出す模様は、その日の海流や潮の干満、風向きなどによって刻々と変化してゆく。　　　（大岩根　尚）

20015 年 5 月撮影

表紙写真

桜島（鹿児島県鹿児島市、桜島・錦江湾ジオパーク）

　火山の地質は、溶岩や軽石などが積み重なってできていることから、崩れやすい性質がある。山肌が雨水で削られると、水と土砂が一緒に流れ、土石流となる。土石流が何度も起こって、火山の麓にたまると扇状の緩やかな斜面をつくる。これが火山麓扇状地である。扇状地は水はけが良いので、果樹園や畑作に適している。桜島の特産品である桜島小みかんは、この扇状地でつくられている。　　　（福島大輔）

2006 年 2 月撮影

九州地方扉写真

米塚（熊本県阿蘇市、阿蘇ジオパーク）

　米塚は 3000 年前の噴火で形成されたスコリア丘である。スコリアの噴出の後に玄武岩質溶岩も流れたと考えられており、山麓から周囲にかけて溶岩トンネルが存在する。トンネル内部には溶岩棚や珪酸華などがみられ、コウモリや昆虫など貴重な洞窟棲生物の住処となっている。2013 年に国の名勝および天然記念物に指定されている。　　　（永田紘樹）

2011 年 9 月、目代邦康撮影

沖縄地方扉写真

やんばるの森（沖縄県国頭郡国頭村）

　沖縄本島北部地域には、やんばるの森と呼ばれる常緑照葉樹林が広がる。この森は、スダジイが優占し、そのほか、タブノキやイスノキなどが生育し、林床にはシダ類が繁茂し、生物多様性が高い。ただし天然林ではなく、戦後伐採された二次林である。このスダジイは、現地ではイタジイと呼ばれている。　　　（目代邦康）

2014 年 3 月撮影

中国地方扉写真

秋吉台（山口県美祢市、Mine 秋吉台ジオパーク）

　石灰岩地域では、降雨は岩盤の空隙に沿って地下に浸透するため、地表流が発生しにくく、地表流の侵食に起因する表層崩壊が発生しにくい。また、地表では石灰岩が酸性の水で溶かされて、なだらかな斜面がつくられる。こうしてカルスト独特の景観がつくられる。　　　（目代邦康）

2014 年 5 月撮影

編　者　目代邦康（自然保護助成基金 主任研究員）
　　　　大野希一（島原半島ジオパーク協議会事務局 専門員）
　　　　福島大輔（NPO法人桜島ミュージアム 理事長）

シリーズ大地の公園 監修　目代邦康

ジオアート及び地形陰影図提供　北海道地図株式会社

	シリーズ大地の公園
書　名	九州・沖縄のジオパーク
コード	ISBN978-4-7722-5283-6　C1344
発行日	2016（平成28）年6月11日　初版第1刷発行
編　者	**目代邦康・大野希一・福島大輔** Copyright　©2016 Kuniyasu MOKUDAI, Marekazu OHNO and Daisuke FUKUSHIMA
発行者	株式会社古今書院　橋本寿資
印刷所	三美印刷株式会社
発行所	（株）古 今 書 院 〒101-0062　東京都千代田区神田駿河台2-10
電　話	03-3291-2757
FAX	03-3233-0303
URL	http://www.kokon.co.jp/
	検印省略・Printed in Japan

いろんな本をご覧ください
古今書院のホームページ

http://www.kokon.co.jp/

★ **700点以上**の**新刊・既刊書**の内容・目次を写真入りでくわしく紹介
★ 環境や都市，GIS，教育など**ジャンル別**のおすすめ本をラインナップ
★ **月刊『地理』**最新号・バックナンバーの目次＆ページ見本を掲載
★ 書名・著者・目次・内容紹介などあらゆる語句に対応した**検索機能**

古 今 書 院

〒101-0062　東京都千代田区神田駿河台 2-10
TEL 03-3291-2757　　FAX 03-3233-0303

☆メールでのご注文は　order@kokon.co.jp　へ